Q

Q

젊은 과학도를 위한

한 줄 질문

내 생각의 폭을
확장시키는
질문의 힘

남
영
지
음

궁리
KungRee

한 줄 질문을 제출했던 모든 학생들에게.

미래에 대한 불안과 청년기의 방황이 배어나는 질문을 읽으며

그 시절 그때의 나를 떠올렸습니다.

학문에 대한 갈급함이 묻어나는 질문에서는

내가 자꾸만 잊어가고 있는 것을 되새겨주었습니다.

사회적 책임에 관한 매우 진지한 질문들과 마주치면서

속 깊은 젊음을 만났습니다.

물론 버뮤다 삼각지대, 우주의 끝,

외계인의 존재 여부부터 명작영화와 책 추천,

좋아하는 음료수를 묻는 귀여운 질문들도

모두 재미있었습니다.

덕택에 또 한 권의 책이 나왔습니다.

고맙습니다.

차례

들어가며   9

한 줄 질문에 대한 조언   15

1부. 과학에 대해 궁금한 것들   19

2부. 과학자, 그들은 누구인가   59

3부. 과학사를 바라보는 시선   111

4부. 융합과 과학연구 이야기   173

후기   241

책을 마치며   247

이 책은 '강의를 하면서 받은 대학생들의 질문에 대한 필자의 답변들 중 많은 이들과 함께 나눌 만한 내용들을 모아 글로 정리한 것'이라고 짧게 요약할 수 있다. 하지만 이 책의 특성에 대해서는 조금은 더 긴 설명이 필요할 듯하다.

필자가 과학사를 전공하고 대학에서 강의한 지 어느덧 10년 이상의 시간이 지났다. 시간강사로 시작한 대학 첫 수업부터 한양대학교의 '과학기술의 철학적 이해' 교과목을 맡았었고, 시간이 지나 자리를 잡으면서 직접 개발한 과목들인 '혁신과 잡종의 과학사', '과학자의 리더십', '과학클래식: 과학과 종교' 등 주로 과학사나 과학에 대한 성찰적 이해를 목표로 하는 교과목들을 개발하고 강의하며 학생들과 호흡하고 있다. 이느 날 대충 계산해보니 그간 6000~7000명 이상의 학생들에게 학점을 주었고, 교양과목을 많이 맡게 되는 전공 특성상 거의 대부분 학과 학생들을 가르쳐본 셈이라는 것을 깨달았다. 이 정도면 남들과 나눠 볼 수 있는 개인적 경험이 될 수 있겠다는 생각이 들었다. 이 책은 그렇게 용기를 낸 결과들 중 하나다.

 이 책의 제목인 '한 줄 질문'은 필자가 모든 수업에서 행하고 있는 필자 고유의 행사명이다. 이 행사의 연원은 필자가 강의하는 대표 교과목인 '혁신과 잡종의 과학사'로부터 비롯되었다. 과학혁명을 중심으로 과학사를 강의하는 '혁신과 잡종의 과학사'는 2010년 개설된 이래 지금까지 꽤 인기를 얻었고, 수업의 내용을 정리한『태양을 멈춘 사람들』이라는 책도 2016년에 출간할 수 있었다. 그리고 이 수업만의 독특한 행사가 하나 더 있었는데 바로 '한 줄 질문'이다.

 처음 강의를 개설했을 때 아마 학교의 과학사 마니아들은 다 몰려온 모양이었다. 거의 매주, 메일로 상당한 수준의 어려운 질문들이 학생들로부터 내게 날아들기 시작했다. 내가 알지 못하는 내용들은 다른 동료 연구자들께 물어가며 내 나름대로 성심껏 답신했다. 그리고 아주 훌륭한 질문에 대해서는 수업시간에 언급하며 더욱 많은 학생들이 정보를 공유할 수 있게끔 했다. 내 노력에 대한 학생들의 반응에 많은 보람을 느꼈다.

 그러다 보니 한 가지 아이디어가 떠올랐다. 모든 학생들에게 질문을 받아보면 어떨까? 한두 명의 학생들이 이토록 멋진 질문들을 연속해서 던진다면 전체 학생들에게 질문을 받았을 때 수업이 훨씬 풍요로워질 것 같았다. 하지만 억지로 질문을 하게 한다면 또한 학생들에게 부담이 될 수도 있다. '질문할 것이 있느냐?'고 한국 학생들에게 물어보면 당연히 손을 들고 질문하는 경우는 흔치 않다. 그래서 생각한 것이 모든 학생에게 중간시험과 기말시험 전전주에 서면으로 질문을 받고 시험 전주에 답변을 해주는 방법이었다. 적절한 시점에 수업의 전체적 복습도 할 수 있고 학생들의 수업이해도도 어느 정도 체크해볼 수 있을 듯했다. 그리고 질문에 부담을 가지지 않도록 '한 줄' 정도로만 무엇이건 물어보라고 '한 줄 질문'이라는 행사명을 작명했다. 물론 질문이 길어져도 상관없고, 질문의 내용도 꼭 수업내용에 관한 것이 아니어도 좋으니 '무엇이건' 물어보라고 했다. 그렇게 시작한 '한 줄 질문'의 효과는 기대 이상이었다.

이 행사는 전체적인 수업의 정리도 될뿐더러 다른 학생들이 어떤 생각을 하고 있는지에 대해 학생 상호간의 이해도 증진되는 효과를 함께 기대할 수 있었다. 그리고 학생이 실제 궁금해했던 것에 대한 답인 만큼 학생 개인에게 상당한 교육적 효과도 줄 수 있었다. 하지만 무엇보다 기대하지 못했던 효과는 오히려 필자 자신이 크게 성장하는 것을 느꼈다는 점이다. 예상한 질문도 있었지만, 전혀 생각도 못한 의외의 질문들도 있었다. 집단지성의 위력을 실감했다. 특히 직업상 언제나 젊은 학생들과 상호작용한다는 믿음하에 생각만큼은 또래보다 젊게 살고 있다고 자부해왔다.

그러나 크게 잘못 생각하고 있었다는 것을 깨달았다. 그 상호작용이라는 것이 강의라는 형태를 취하고 있어 막상 학생들의 실제 생각을 들어볼 기회가 거의 없었다는 반성이 함께 일었다. 참 많은 것을 얻었다. 그런 반성 속에 처음 '혁신과 잡종의 과학사'에서만 시도하던 한 줄 질문을 이제는 모든 수업에서 받아보고 있다. 매학기 약 400개, 1년간 800개가 넘는 학생들의 질문에 답하다 보면 학생들의 생각과 트렌드를 읽는 데 큰 도움이 된다. 그래서 지금도 매번 시간을 할애해서 '한 줄 질문'에 대한 답변을 구상하는 시간을 가진다. 그리고 답변시간이 되면 가벼운 질문에는 가벼운 유머로, 진지한 질문에는 진지하고 길게, 사실관계를 명확히 해주어야 할 것은 내용을 명확히 확인하고 대답해준다. 그렇게 몇 년을 계속한 결과 학생들과 주고받은 한 줄 질문 수천 건이 축적되었다.

그리고 마침 『태양을 멈춘 사람들』 출간 이후 출판사에서 '한 줄 질문'을 책으로 만들어볼 것을 권했다. 처음엔 약간 망설여졌다. 대화로 이루어진 상호작용을 문자로 바꾸는 작업이 결코 용이하지 않을 것이기 때문이었다. 공연히 글로 바꾸어 자칫 본래의 느낌을 잃어버리고 잡다한 상식의 나열에 그치고 싶진 않았기에 잠깐의 고민이 지나갔다. 하지만 학생들의 생생한 질문들은 수업에서 일회성으로 언급하고 지나가기에는 아까운 내용들이 분명히 많았다. 그리고 오늘의 한국 대학생들이 어떤 고민과 생각들을 가지고 있는지 좀 더 많은 이들에게 전달하는 작업도 상호이해와 소통에 도움이 될 수 있을 것이고, 교육에 종사하는 분들과 과학기술자를 꿈꾸는 다양한 인재들에게 충분히 유용한 사례들을 제시할 수 있을 듯하였다. '한 줄 질문'을 문자로 남기는 것이 나름의 가치가 분명해 보였기에 겸연쩍지만 용기 내어 출판을 결심했다. 그래서 먼저 그간 모인 한 줄 질문 중 최근 것인 2015년에서 2016년 상반기 사이 일 년 반 동안의 한 줄 질문들을 모아 글로 갈무리했다. 이중 수업내용과 강하게 연계된 것들은 어느 정도 제외하고, 많은 이들과 함께 나눠봄 직한 질문들을 추려 분류했다. 느슨하게 네 가지 주제로 나누어 엮었지만, 명확한 의미로 분류된 것은 아니다. 여기에 추가적인 정리 글들을 덧붙여 한 권의 책으로 내놓게 되었다.

'한 줄 질문'에는 필자가 강의하는 과목들의 특성상 과학기술에 관련된 내용이 많다. 그러나 과학에 대한 이야기는 학문에 어떻게 접근해야 하는지에 대한 맥락으로 연결되고, 결국은 우리 인생에 대한 이야기로 통하게 된다. 그래서 젊은 학생들의 생각이 궁금한 교육자, 자신의 고민에 대한 답을 발견할 수 있을까 싶은 학생, 과학에 대한 생각과 태도를 정리하고 싶은 과학도와 공학도들 모두에게 도움이 될 수 있을 것이라 감히 기대해본다.

그리고 책으로 편집되는 과정에서 당연히 내용의 잡다한 첨삭이 있었다는 점을 밝혀둔다. 한 줄 질문에 답하는 시간 속의 현장감을 살릴 수 있느냐가 관건이라는 생각이 들어서 처음에는 수업에서 답한 내용 그대로 전달을 생각했었지만, 글은 말과 다르다는 점을 고려할 수밖에 없었다. 중복되는 질문도 많았기 때문에 유사한 질문들은 대표질문으로 통합하고 내 답변들을 정리한 뒤 말미에 추가적인 내용을 덧붙이는 형태로 기획했다. 또 시간의 부족으로 제대로 대답해주지 못한 설명들도 추가되었다. 글로 표현하기에는 너무 강한 표현들은 온건하게(?) 가다듬었다.

비록 약간의 변형을 가했지만, 한 줄 질문 본연의 생생한 모습을 유지할 수 있도록 노력했다. 너무 무거운 느낌이 들지 않도록 일부러 '가벼운' 질문들을 섞어 실었으며, 수업시간의 분위기를 최대한 그대로 전달할 수 있도록 농담조의 어투들도 거의 그대로 옮겼고, 현장감을 살리기 위해 대화체 형식의 본래 리듬도 살려두었다. 그래서 큰 흐름은 모두 필자가 학생들에게 대답해준 실제 수업의 맥락을 따르고 있다. 아무쪼록 수업의 분위기가 잘 전달된 책이 되었기 바란다.

Q

한 줄 질문에 대한 조언[*]

　한 줄 질문의 목표는 자신이 궁금한 것을 알아보자는 의미도 있지만, 자신과 같은 세대인 다른 학생들의 생각을 알 수 있는 좋은 기회이기도 합니다. 개인적으로는 수업 진도 내용보다 더 많은 도움을 학생들에게 줄 수 있다고 생각합니다. 그래서 나도 매번 일정한 시간을 할애해 답변을 준비하며 그럴 가치가 충분히 있습니다. 그러니 가급적 진지하게 질문을 작성해주기 바랍니다. 거의 전원이 실제 질문을 하지만 정말 질문거리가 없는 사람은 간단한 인사말이나 조언을 써주어도 됩니다. 일단 시험범위의 진도 내용과 관련이 있거나 간단히 답할 수 있는 구체적인 내용들을 먼저 대답하고, 진지하고 묵직하거나 철학적인 내용들은 나중에 대답하도록 하겠습니다.

[*] 한 줄 질문을 받을 때는 다음과 같은 요지의 설명을 학생들에게 덧붙인다.

그리고 질문을 할 때는 최대한 명확한 단어를 사용해 구체적이고 논리적인 질문을 하기 바랍니다. 너무 광범위하거나 추상적이고 형이상학적인 질문은 대답을 할 수 없습니다. 모호한 질문은 모호한 답을 얻을 수밖에 없습니다. 특히 자신이 사용하고 있는 단어들의 모호성에 대해 생각해보기 바랍니다. 예를 들어 과학, 신, 철학, 인문학 같은 단어들은 볼펜, 자전거, 이순신, 울릉도 같은 단어와는 다릅니다. 사람에 따라 전혀 다른 정의와 범주를 가진 단어를 사용할 때는 문장 전체의 맥락에 더 신경을 써야 합니다. 사용자의 맥락과 상황에 따라 단어의 의미는 크게 달라집니다.

예를 들어 과학이란 단어는 다음과 같이 다양하게 쓰입니다.

'네가 하는 말은 비과학적이다.'

'풍수지리학도 과학적인 부분이 많다.'

'기초과학이 발전해야 응용기술이 발전한다.'

앞의 세 문장 속에서 '과학'은 각각 전혀 다른 의미로 사용된 것입니다. 각각, '올바른 것', '합리적인 것', 좁은 의미의 'science'로 사용되었습니다. 그만큼 과학이란 단어의 용례는 다양합니다. 문장의 맥락 속에서 과학이란 단어를 생각해야 합니다. 말은 인간 사이의 약속이기 때문에 먼저 상대가 사용하는 용어의 의미를 이해하고, 내 뜻이 왜곡되지 않게 상대에게 전달하는 역량을 키울 필요가 있습니다.

올바른 질문법에 대해 조언하려니 내가 대학생이었을 때 들었던 재미있는 이야기가 하나 떠오릅니다. 대학생과 석사, 박사 과정의 특성을 비교하는 우스개입니다.

처음 대학에 입학하면 신입생들은 답에 이르는 아주 빠른 길을 배울 것이라고 생각한답니다. 왜냐하면 고등학교를 졸업할 때까지 배운 내용이 답을 빨리 찾는 것이었으니까요. 그런데 대학에서는 전혀 다른 것을 가르쳐준답니다. 대학에서는 신기하게도 답에 이르는 여러 가지 '다른 길'을 배웁니다. 그래서 열심히 공부해서 대학을 졸업하고 대학원에 가는 학생들은 이번에 대학원에서는 얼마나 다양한 다른 길을 가르쳐줄까 생각하며 입학을 한답니다. 하지만 이번에도 대학원에서는 전혀 다른 것을 가르칩니다. 바로 '답 자체가 여러 개'라는 것을 가르쳐줍니다. 혼란 속에 다양한 답을 배우며 석사를 받고 박사과정에 입학하면 이번에는 얼마나 다양한 답을 배우게 될까 기대에 부푼다고 합니다. 그런데 어이없게도 박사과정은 단 하나밖에 안 가르쳐준답니다. 바로 현재 '내 질문이 잘못되었다'는 것만 가르쳐줍니다. 그래서 결국 박사학위를 받게 되는데 결국 박사는 질문하는 법을 알게 된 사람이라는 얘기입니다. 박사가 되면 이제야 스스로 질문하며 밥벌이를 해도 되는 자격을 인정받은 것입니다.

오래전 들은 이 우스개는 학문하는 방법론을 배워가는 과정을 잘 요약해줍니다. 질문하는 법을 배우는 것이 학문의 길입니다. 그만큼 제대로 질문하는 것은 어려운 일이고, 질문이 잘 이루어지면 답은 저절로 찾아집니다. 연구 질문이 세대로 이루어졌을 때 연구는 완성될 수 있고 자신의 인생에 대해 적절한 질문을 던질 수 있을 때 생의 행복과 가치도 찾아질 겁니다. 자신의 질문과 다른 학생들의 질문을 살펴보면서 올바른 질문의 유형에 대해서도 고민해보기 바랍니다.

그리고 내 가치관과 의견을 묻는 경우들이 있는데 물론 대답을 해줄 수는 있습니다. 하지만 매우 신중하고 조심스럽게 얘기하고자 노력할 것입니다. 내 가치관과 시각을 여러분들이 받아들여야 할 필요는 당연히 없음에도 교수자의 시각은 학생에게 큰 영향을 미친다는 것을 알기 때문입니다. 기본적으로 교수자는 중립적 사회자의 역할을 맡는 것이 옳다고 생각합니다. 그래서 내 답변이 두루뭉술하고 싱겁게 느껴질지도 모릅니다. 하지만 여러분에게 전달해야 하는 것은 나의 판단이 아니라 다양한 관점들이고, 여러분들이 좀 더 폭넓은 시야를 가지고 자신의 판단력을 기를 수 있도록 해주는 것이 나의 일입니다. 나는 여러분을 고민하게 만드는 사람이지 결론을 내려주고 편하게 쉽게 해주는 사람이어서는 안 된다고 생각합니다. 대학은 고민하게 하고, 고민하는 방법을 가르쳐줘야 합니다.

그 정도를 염두에 두고 한 줄 질문을 편안하게 작성해보기 바랍니다.

과학에 대해
궁금한 것들

1

· 만유인력은 왜 '법칙'이고, 상대성이론은 왜 '이론'인가요?

· 상대성이론이 실용적인 측면에서는 어떤 의미가 있나요?

· 정말 과거로는 갈 수 없나요?

· 양자역학은 아직 미완성된 이론인가요?

· 세상에 정말 랜덤(random)은 없을까요?

· 한국의 과학기술이 현대과학의 체계 내에 통합된 것은 언제로 봐야 할까요?

· 국제적으로 유명했던 SNS 기술 등은 다 한국이 개발했는데 왜 다 망하고 주도권이 넘어

  갔을까요?

너무 추상적인 질문인지 모르겠습니다만 교수님
이 생각하시는 진정한 '과학'이란 단어의 의미는
무엇인지 궁금합니다.

맞습니다. 너무 추상적입니다. (웃음) 사실 나는 내가 생각하
는 과학이란 '단어'의 의미를 주장할 생각이 없습니다. 아무리
표준말을 '자장면'이라고 정해놔도 대중이 '짜장면'이라고 부르
면 짜장면으로 부르는 것이 맞을 겁니다. 언어는 약속이니까요.

과학이란 단어는 사람마다 상황마다 다르게 쓰입니다. 그리
고 내가 보기엔 그 보편적인 표현에서 시작하면 될 것 같습니
다. 중요한 것은 말의 맥락일 것이고 단어의 의미는 본래 계속
해서 변해가게 마련입니다.

내가 보기에 우리는 과학이라는 단어를 크게 세 가지 정도의
의미로 사용합니다.

먼저 '진리'나 '합리적'의 의미로 사용합니다. '너의 말은 비과
학적이다'라는 표현은 그냥 틀렸다는 말입니다. '풍수지리학노
사실은 과학적입니다' 같은 표현은 '풍수지리학에도 합리적인
부분이 있다'라는 의미가 됩니다.

또 하나는 '과학과 기술'을 합한 의미로 사용합니다. '과학위인전기'에는 제임스 와트나 에디슨 같은 사람이 나옵니다. 분명히 과학자라기보다는 기술자들인데 말이죠. 이 경우 과학은 과학과 기술을 합쳐 부르는 말입니다.

그리고 좁은 의미에서 순수한 'science'로서의 과학을 의미하는 표현이 있습니다. '기초과학이 발전해야 응용기술이 발전할 수 있다'거나 '한의학은 과학이 아니다' 같은 주장들이 그런 경우에 해당합니다. 이 경우는 역사적인 의미에서의 엄밀한 과학, 거의 현대의 물리화학적인 방법론에 기반한 학문들을 의미하는 가장 좁은 의미의 표현이 되겠지요.

그리고 이미 내 입장을 밝힌 바 그 모두가 답입니다. 문제는 말의 맥락 안에서 모순 없이 사용하느냐 하는 것이겠지요. 학자들은 그 대중적인 용례를 인정하면서 대중의 이해를 돕든지 아니면 자신의 이론체계 안에서 명확히 해당 단어를 정의해서 쓰던지 결정해야 할 겁니다. 그렇지 않다면 오만한 아카데미즘에 머무를 뿐입니다. 세상과 유리된 학술이론이나 학술용어라면 무슨 의미를 가질 수 있겠습니까? 내 생각은 그렇습니다.

아인슈타인이 상대성이론을 밝힌 지 꽤 오래됐고, 그 후 많은 학자들이 양자역학과의 모순에 대한 연구를 했을 텐데. 왜 아직까지 두 이론을 설명하거나, 한 이론을 배제할 수 있는 연구 성과가 나오지 않은 결정적인 이유가 무엇일까요?

간단합니다. 그만큼 어려운 문제이기 때문입니다. 그리고 역설적으로 그만큼 두 이론이 대단한 것입니다. 두 이론의 통합을 해내기만 한다면 그 일을 해낸 과학자는 뉴턴과 아인슈타인을 이을 새로운 슈퍼스타가 될 겁니다.

물론 사소하게는, 20세기 후반 과학연구의 흐름이 실용성에 치중하면서 더 이상 본질을 묻는 연구전통에서 많이 멀어진 것도 한 이유가 된다고 봅니다.

상대론과 양자역학이 나온 지는 이제 한 세기 정도가 지났습니다. 결코 '오래되지' 않았습니다. 뉴턴의 만유인력이 상대성이론으로 대체되는 데는 200년 이상의 시간이 필요했습니다. 상대론과 양자역학의 모순을 해결할 수 있는 이론이 나오지 않은 '결정적인 이유'는 단지 '시간이 부족했다'고도 볼 수 있을 듯하네요. (웃음)

Q

상대성이론이 실용적인 측면에서는 어떤 의미가 있나요? 실생활에 어떤 도움을 주었는지 궁금합니다.

물론 상대성이론은 실용적으로도 사용되고 있습니다. 예를 들어 여러분의 휴대폰 위치정보는 인공위성 GPS 시스템에 의해 작동 중이고, 인공위성을 동작시키는 데는 만유인력, 상대성이론, 양자역학이 모두 잘 사용되고 있습니다. 이처럼 잡다한 사례를 든다면 상대성이론의 실용적인 측면은 물론 있습니다.

하지만 이런 식의 설명은 오히려 상대성이론의 가치를 폄하하는 것이라고 생각됩니다. 상대성이론은 자연의 진상에 아주 가깝게 다가간 이론이라는 것에 의미가 있습니다. 내게 상대론의 의미를 묻는다면 인류가 이런 것을 알 수 있었다는 것 자체가 희열일 수 있는 몇 안 되는 이론 중 하나라는 것이지요.

현재 우리가 알고 있는 우주는 상대론적 우주입니다. 인류가 삼라만상을 설명하는 이론의 핵심입니다. 당연히 그와 관련된 실용적 기술이나 세부 이론들은 이 상대론이라는 뿌리 위에 점차 자라나게 되겠지요.

뉴턴의 만유인력이 17세기 영국인들에게 어떤 실용적인 도움을 주었겠습니까? 만유인력이 우주개발 등 실용적 기술에 제대로 접목된 것은 사실상 20세기의 일입니다. 사실 큰 의미를 가진 업적일수록 먼 미래를 위한 일일 확률이 높습니다.

상대성이론은 시대를 앞서가고 선도하는 궁극 이론입니다. 그 토대 위에 실생활 자체가 변화해가겠지요.

그것이 상대성이론의 진짜 가치이자 의미가 아닐까요?

아인슈타인의 일반상대성이론이 만유인력 법칙이 설명하지 못하는 현상을 설명한다고 배웠는데, 그러면 만유인력은 왜 '법칙'이고, 상대성이론은 왜 '이론'인가요?

대부분 중등교육과정에서 엄밀히 검증된 것이 법칙, 아직 논쟁의 여지가 있는 것을 이론이라고 부른다고 배우기 때문에 나오는 질문으로 보입니다. 이 질문도 많이 나오는데 그렇게 부르는 이유는 사실 관행일 뿐입니다. 만유인력이 더 옳은 것이라는 의미가 있는 것은 절대 아닙니다.

그리고 보통 이론은 말 그대로 그 이론을 가르치는 데 사용되지만 법칙이라는 표현은 '적용'할 때 많이 사용하게 됩니다. "만유인력 법칙을 사용해서 계산하시오" 같은 표현처럼 말이죠.

현실적으로 우주 개발에 사용되는 방정식이 만유인력 방정식이니 만유인력 법칙이라는 관용적 표현이 익숙해진 것 아닐까요.

'만유인력 이론에 의하면'이라는 표현은 뉘앙스가 다르지요. 이론 전체를 의미하는 느낌이 바로 들 겁니다.

따라서, '법칙'이나 '이론'이라는 관용적 표현이 붙는다고 특별한 의미가 있어 엄연히 사용된 단어라고 생각할 필요는 없을 것 같습니다.

정말 과거로는 갈 수 없는 건가요?

이제 이런 질문에 내 답은 정해져 있습니다. '상대성이론에 의하면' 불가능합니다.

물론 다른 참신한 생각들을 제시하며 어떻게든 재미있는 시간여행의 상상을 전개하는 SF작가들과 과학자들도 분명 있습니다. 하지만 아직까지 상대성이론 수준의 인정을 받으며 시간여행의 가능성을 설득력 있게 제시한 사례는 없었습니다.

그리고 내 생각을 첨언한다면 미래에서 온 사람을 우리가 한 번도 보지 못했음 자체가 증거가 아닐까요?

사실 미래의 존재가 과거에 영향을 미칠 수 있다면 결과가 원인에 앞서 발생한다는 의미가 됩니다. 결과가 원인에 선행한다는 말 자체가 논리모순으로 들립니다. 과거에 '갈 수 있다'는 말 자체가 전혀 의미 없는 문장일 수 있습니다. 자신의 언어에 속고 있는 것일 수 있으니 좀 더 깊이 생각해보기 바랍니다.

"미래에서 온 할아버지 증손자예요"라며 누가 아는 체를 하기 전까지는 나로서는 이 입장을 고수하겠습니다. (웃음)

지금의 과학은 완벽에 가깝나요? 완벽해질 수 있나요?

본인도 아니라고 생각하죠? (웃음) 완벽이 뭔가요?

양자역학은 아직 미완성된 이론인가요?

무엇이 미완성인지를 정의해줘야 할 것 같습니다. 다시 얘기하면 완성이 무엇인지를 정의해줘야 합니다. 더 이상 발전할 필요가 없는 과학이론이 완성된 이론인가요?

그렇다면 양자역학은 미완성입니다. 하지만 그렇게 말한다면 과학 전체가 미완성이며 모든 이론이 미완성입니다.

사실 이 질문은 과학은 끝이 있고 완성될 수 있다는 전제를 내포하고 있습니다. 그런 것이야말로 증명된 바 없는 논리지요.

단 만유인력 이론이 나왔을 때는 비교할 만한 경쟁이론이 없었고, 그래서 문제가 있을 수 있다는 생각 자체를 하지 못했지요. 하지만 상대론과 양자역학은 거의 같은 시기에 나왔으나 서로 간에 모순점이 있었을 뿐입니다.

그래서 양자역학이 설명 못하는 부분이 있다는 것을 오늘날 우리가 말할 수 있는 것이고요. 하지만 현재까지 인류가 도달한 최첨단의 이론인 것은 분명합니다.

다시 언급하지만 상대성이론과 양자역학 모두 현재 잘 사용됩니다. 무언가 이 이론들로 설명 안 되는 사례들을 발견하고 그것을 다른 이론으로 설명하는 데 성공한다면 그 이론으로 바꾸는 것입니다.

상대성이론에 의해 뉴턴 역학이 대체되었다면 뉴
턴 역학이 결과적으로 옳지 않았음에도 왜 만유
인력의 법칙이 잘 적용되었습니까? 우연입니까?

먼저 역질문을 해보겠습니다. 옳음, 맞음의 개념이 무엇입니
까? 예를 들어 우리가 일기예보가 잘 맞는다는 표현은 무엇입
니까? 예측가능성이 높다는 것 아닙니까? 만유인력은 그런 의
미에서 잘 맞습니다. 그래서 지금도 잘 사용됩니다. 상대론보다
계산이 훨씬 쉬워서 실용적이기 때문입니다. 하지만 광속에 준
하는 빠른 속도를 다룰 때는 결과와 다른 예측이 나오게 됩니
다. 이때는 더 어렵더라도 상대성이론을 사용해야 합니다. 즉,
상대성이론이 뉴턴 역학보다 '예측가능성'에서 더 넓은 영역을
설명한다고 볼 수 있습니다.

그리고 인류가 태양계를 벗어나 먼 우주로 진출하게 될 때쯤
이면 상대성이론을 적용하는 것이 '실용적'인 시대가 될 겁니다.

다시 말하지만 만유인력이 틀렸다기보다는 상대성이론이 더
넓은 영역을 설명한다고 보는 것이 적절한 표현일 겁니다.

만유인력이 사실상 존재하지 않는 것이라면 지금 우리가 '느끼는' 중력은 무엇인가요?

'느낀다'는 표현을 잘 썼는데, 나는 지구가 나를 당긴다기보다는 밀어올리고 있다고 '느낍니다'. 나의 이 느낌은 잘못된 것인가요? 사실 이 표현은 상대성이론의 논리를 쉽게 설명해본 것입니다. 질문한 학생은 지구가 당긴다고 느껴지는 것이 아니라 현재 자신의 느낌을, '지구가 당긴다는 뉴턴의 설명으로 받아들이고 있는 것'뿐입니다. 그 느낌은 얼마든지 다른 방법으로 설명 가능합니다. 이 질문은 우리가 얼마나 뉴턴의 설명에 강력하게 경도되어 있는지를 보여줄 뿐입니다.

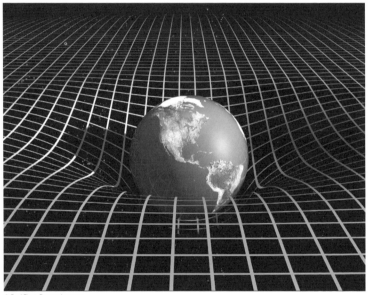

"인류가 태양계를 벗어나 먼 우주로 진출하게 될 때쯤이면 상대성이론을 적용하는 것이 '실용적'인 시대가 될 겁니다."

Q

천동설과 지동설 논쟁을 배우다 든 생각입니다. DNA 구조발견으로 노벨상을 수상했던 제임스 왓슨은 몇 해 전 '흑인의 지능은 백인보다 낮다'고 주장해 물의를 일으킨 적이 있습니다. 갈릴레오의 지동설 재판이나 제임스 왓슨의 주장은 그것이 신학적인 것에 도전하느냐 인류의 보편적 가치에 도전하느냐의 차이일 뿐 그 문제의 본질은 같다고 생각합니다.

만일 인류가 고도로 발전된 사회를 이룩해 어떤 연구도 자유롭게 추구할 수 있는 사회를 건설한다면 지금으로서는 반사회적인 왓슨의 발언을 순전히 과학적 접근으로만 다루게 될 수도 있지 않을까요? 또한 이런 왓슨의 주장에 대한 교수님의 생각도 궁금합니다.

아주 좋은 질문입니다. 사실 우리들이 흔하게 빠질 수 있는 오류와 상관있는 질문입니다. 일단 내가 보기에 갈릴레오의 경우와 왓슨의 경우는 결코 본질이 같지 않은 것 같습니다. 갈릴레오는 자신의 과학적 연구의 결과로 추정한 지동설을 주장한 것입니다. 하지만 왓슨은 자신의 과학적 권위에 기대어 과학과 상관없는 주장을 했을 뿐입니다.

한 가지 물어보겠습니다. 왓슨은 흑인의 지능이 낮다는 근거로 무슨 실험을 했을까요? 어떤 근거를 들었을까요? 그 말이 과학적 언명일까요?

일단 도대체 지능이 뭘까요? 예를 들어 힙합을 잘 하는 것은 지능인가요? 농구를 잘 하는 것은요? 지금까지는 둘 다 흑인이 더 잘하는 것 같습니다. 그러면 흑인의 지능이 더 높은 것인가요? 또 베토벤은 아인슈타인보다 지능이 낮은 걸까요? 이미 느꼈겠지만, '지능'의 정의에 따라 '흑인이 지능이 낮다'라는 문장은 참 또는 거짓이 될 수 있습니다.

왓슨은 주변의 흑인들이 교육수준이 낮고, 현대사회체계 내에서 높은 수준의 성취도를 보이고 있지 못하다는 경험적 관찰 속에서 그런 판단을 내렸을 것으로 보입니다.

하지만 알다시피 현재 흑인들의 성취도가 낮은 이유는 열악한 처우, 오랜 기간의 낮은 지위, 경제적 궁핍, 사회문화적 풍토로부터 기인했을 확률이 높습니다. '완전히 객관적인' 흑인과 백인의 유전적 차이에 의한 '지능'을 검증할 어떤 수단도 없는데 그것이 어떻게 과학적 언명일 수 있겠습니까? 이 명제 하나에 얼마나 많은 언어, 철학, 역사, 문화적 맥락이 개입되어 있는 명제인지부터 느껴야 할 겁니다.

그런데 왓슨은 그 명제를 그냥 과학적 명제라고 생각하는 것일 뿐입니다.

나는 왓슨이 비난받아야 한다고까지는 별로 판단하지 않겠습니다. 문제는 그것이 과학적 판단이냐라는 측면입니다. 그의 표현법은 말하자면 '많은 책을 읽지 않은 사람들'의 전형적 어법입니다. 이 말은 왓슨이 과학에 대해 많은 책을 읽지 않았다는 말이 아닙니다. 하지만 인류가 수천 년 쌓아온 다양한 분야의 지혜를 갈무리하는 데 그리 많은 시간을 할애하지 않았을 것 같다고 '감히' 말하겠습니다.

어쩌면 악의 없는 귀여운 사람입니다. 그냥 자기 맥락 안에서 솔직한 사람입니다. 속으로 그렇게 생각하면서도 점잖게 인간 평등을 부르짖는 부류도 적지 않지요. 그런 사람들보다는 훨씬 훌륭한 사람이라고 생각합니다. 과학자적 순진성과 자기 진실성은 가지고 있는 것이니까요.

문제는 대중이 그 말을 그렇게 받아들이지 않는다는 점이지요. 노벨상 수상자니 무언가 얘기를 하면 그럴만한 과학적 근거가 있을 것으로 받아들인다는 데 문제의 본질이 있습니다. 지금 질문한 학생도 마찬가지인 것 같고요. 더구나 왓슨 자신도 자신의 말이 과학적 판단인 줄 착각하고 있다는 점이지요.

수많은 돌출발언으로 많은 비난을 받았던 사람이지만, 왓슨의 입장에서 보면 어느 정도 수긍이 가는 측면이 있습니다. 본인이 20대의 젊은 나이에 DNA 구조를 발견했으니, DNA의 중요성을 거듭 강조하게 되어 있는 인생이라고 볼 수 있습니다. 그러다보니 자꾸만 유전자 결정론적 해석으로 흐르는 것이고 인종차별, 성차별적 발언으로 연결되는 것입니다.

 권위자의 말이라고 무턱대고 받아들이지 마십시오. 특히 자신의 권위가 미칠 수 없는 분야에 대한 설명일 경우에는요. '흑인은 백인보다 지능이 낮다'라는 말은 왓슨의 '과학적 권위'로 뒷받침될 정도의 '작은' 문장이 아닙니다. 갈릴레오의 경우와 연결될 얘기는 더더욱 아니고요.
 나는 '인류가 고도로 발전된 사회를 이룩해 어떤 연구도 자유롭게 추구할 수 있는 사회를 건설한다면' 왓슨의 유치한 발언 같은 것이 나오지 않을 것이라고 생각합니다.

덧붙이는 글 ·············

의외로 동일한 사례에 대한 질문은 또 있었고, 그 형태도 비슷했다. 예를 들면 다음과 같은 것들이다. "왓슨은 자신의 과학적 판단으로 '흑인은 백인보다 지능이 낮다'라고 말한 것이라면 그것이 왜 비난받아야 할까요?"

Q

과학은 명확하고 절대적인 것이라는 생각이 강했는데, 과학에 대한 오해와 여러 과학자들의 이야기를 들으며 그런 인식이 깨졌습니다.

사실은 그것이 과학의 멋입니다. 계속해서 자기검증을 시도하는 시스템이 내재되어 있다는 것이 과학의 매력이겠지요. 과학은 스스로에게 시비거리를 만들며 진보해 나가지요.(웃음)

Q

심리학은 과학에 포함되나요?

사실 이 경우도 '한의학이 과학이냐'라는 질문만큼이나 다양한 대답이 가능합니다.

예를 들어 과학철학자 칼 포퍼는 반증불가능성을 얘기하면서 심리학을 대표적인 비과학의 사례로 들었습니다. 특히 프로이트나 융의 심리학 이론은 진위 여부를 판단할 수 없는 '비과학적' 주장이라고 보았습니다. 물론 오늘날 이렇게 단호하게 분류하는 경우는 거의 찾아보기 힘듭니다. 현대 학자들은 선명한 과학과 비과학의 구분보다는 '어느 정도' 과학인가를 따져보는 쪽이지요. 내 생각으로는 심리학은 '계속해서 과학 쪽으로 포섭되고 있는 학문'이라고 말할 수 있을 듯하네요.

뜬금없는 질문일지 모르겠는데, 형이상학적 과
학철학이 필요한 것인지 아니면 무시해도 될 만
한 것인지 교수님의 견해를 듣고 싶습니다.

질문이 여전히 모호합니다. 질문한 학생의 '형이상학적 과학
철학'이 무엇인지 알 수가 없습니다. 뭔가 본인이 듣고 본 어떤
것을 지칭하는 것인데 그것을 명확히 하지 못하면 답도 변죽을
울릴 수밖에 없습니다. 대상을 구체화하기 바랍니다.

그리고 어떤 학문이라도 그 역사와 철학이 있을 겁니다. 아버
지 없이 아들이 있을 수 있나요? 역사는 그런 것입니다. '가문의
전통을 지킬 것인가?' 같은 질문은 이미 철학의 문제입니다. 해
당 학문의 특성과 흐름이 그 학문의 철학과 역사일텐데 그렇다
면 과학도 당연히 과학의 역사와 철학이 있는 것이지요. 무시하
고 싶다고 없어질 수도 없을 것이고요. 불가분의 관계입니다.

그런데 잘못된 설명 같은 것은 얼마든지 있겠지요. 그 경우는
역사와 철학이 필요있느냐 없느냐를 따질 문제가 아니라 잘못
된 부분을 바로잡으려면 어떻게 해야 할지를 질문해야 할 문제
라고 봅니다.

일단 역사와 철학이 필요한지 무시할 수 있는지 묻는 것 자체가 우문이라고 봅니다.

수업에 나온 과학자들은 모두 치열한 연구 끝에
오늘날 우리가 알고 있는 법칙을 알게 된 것인
데, 그렇다면 세상에 정말 랜덤(random)은 없을
까요?

랜덤이 무슨 의미인지 일단 되묻고 싶습니다. 그것은 결과를
모른다는 의미 아닌가요?

그래서 보통 확률에 맡기게 되는 것이고요. 알면 이미 랜덤이
아니겠지요. 혹은 일관성 있는 법칙 자체가 없는 것이라는 말이
됩니다. 내가 말할 수 있는 것은 일관성 있는 법칙이 있을 것이
라는 분명한 믿음에서 출발한 것이 과학이라는 것입니다.

Q

지동설 혁명 과정은 그 당시 시대의 '진리'를 건드리고 있는 것으로 느껴지는데요. 또한 그 진리의 부정이 결국 옳았기도 하고요. 그럼 지금도 '진리'라는 단어의 의미를 언젠가 부정될 수 있는 것으로 이해하면 되는 걸까요?

'시대적 진리'는 당연히 바뀔 수 있겠지요. 정확하게는 아직 진리를 정확히 모르는 것이니 '진리에 접근해 간다'라는 표현이 어울린다고 봅니다. 그러니 '부정'이라는 표현보다는 확장이나 일반화라는 표현이 더 좋을 것 같습니다.

한국의 과학기술이 현대과학의 체계 내에 통합
된 것은 언제로 봐야 할까요?

쉽지 않은 질문이지만, 공교육 체계의 결과물을 놓고 볼 때는
비교적 쉽게 표현이 가능할 것 같습니다. 세브란스 의대나 경성
제국대학의 사례에서 볼 수 있는 것처럼 의학에서는 20세기 초
부터 서양의술을 연구하고 교육했다고 볼 수 있을 겁니다. 하지
만 일제는 한반도 내에서 과학기술에 대한 고등교육을 실시하는
데 매우 인색했었기 때문에 광복을 맞을 때까지 한반도 내에서
배출된 자연과학 분야 학사는 사실상 없었다고 볼 수 있습니다.

해외 유학을 통해 이공계열의 박사학위를 받은 사람은 해방
직후 전국에 12명에 불과했습니다. 그나마 해방 후 혼란기에 절
반은 월북을 선택해서 대한민국의 이공계 박사는 한 자릿수였
다고 볼 수 있습니다. 다시 말해 한국전쟁 시기까지 한국에는
'과학기술이 없었다'고 표현해도 무방한 셈입니다. 그 후 맹렬
한 근대화 과정을 통해 현재 30만 명에 육박하는 박사학위자를
가지게 된 대한민국의 상황을 생각해보면 격세지감일 겁니다.

한마디로 말해 한국에서 '서구적 의미의 현대 과학기술'의 역

사는 60여 년 정도가 지났다고 보면 될 것 같습니다. 놀랍도록 짧은 역사지요? 어쩌면 이토록 짧은 시간에 이토록 많은 것을 이룩했다는 게 참으로 놀라운 일일 겁니다.

관상, 사주, 풍수지리는 전혀 과학과 무관한 것
인가요? 사이비 과학인가요?

질문자가 지금 과학을 어떤 의미로 사용했는지와 상관있습
니다. 과학이 합리적인 부분이 있다거나, 나중에 어떤 부분은
옳은 것으로 판명될 수도 있다라는 의미라면 과학일 수도 있을
겁니다. 하지만 그런 것들이 science냐고 묻는 것이라면 단호히
아니라고 말할 수 있겠지요. 일단 서구 science의 전통 내에 있
는 것들이 아니니까요.

천동설, 지동설 논쟁을 보면 틀린 이론이 얼마나 그 시대를 잘못된 방향으로 이끌고 에너지를 낭비하게 만드는지 볼 수 있습니다. 그 폐해로 볼 때 우리는 잘못된 과학이론을 좀 더 잘 알아채는 방법을 익힐 필요가 있습니다. 교수님이 생각하시는 21세기 과학의 천동설이 무엇인지요?

여기서 천동설이 틀린 이론이라는 의미로 쓰인 것이라면 21세기 천동설은 22세기는 되어야 알게 되겠죠? 그러니 지금은 알 수 없다는 것이 결론이라고 생각합니다.

그래서 나는 천동설, 지동설 논쟁을 에너지 낭비라고 보는 시각이 오히려 문제라고 생각합니다. 그건 낭비가 아니라 당연히 있을 논쟁이었습니다. 문제가 되는 것은 지동설을 주장하지 말라거나 천동설을 주장하지 말라는 태도가 문제일 뿐, 서로 주장하며 논쟁 한다는 것이 얼마나 아름다운 모습입니까? 과학은 그런 분위기 속에서 발전합니다.

자꾸만 현재를 정답이라고 생각하는 것, 그래서 자기 이론을 고집하는 것을 넘어서 상대의 입을 막으려는 시도가 문제일 뿐입니다. 논쟁을 올바르게 계속하는 것은 결코 낭비가 아닙니다.

Q

수업을 듣다보면 과학적 이론도 시대에 따라 크게 관점이 바꿔어감을 느꼈습니다. 오늘날 우리가 옳다고 믿는 내용도 결국 틀린 것으로 판명될 수도 있습니다. 그런 면에서 과학도 종교처럼 단지 믿음의 문제일 수도 있다고 생각합니다. 교수님은 이에 대해 어떻게 생각하시는지 궁금합니다.

이 질문에는 세 가지로 답변을 해주겠습니다.

먼저 이런 얘기가 가능하겠군요. 아인슈타인은 자신의 일반상대성이론에 의하면 강한 중력장 속에서는 빛도 휠 수 있다고 믿었습니다. 어제 자폭한 IS 전사는 자신이 교육받은 대로 오늘 아침이 되면 72명의 미녀가 시중드는 천국에서 아침을 맞을 것으로 믿었을지도 모릅니다. 물론 그 72명의 미녀에게도 그곳이 천국인지는 둘째로 치고 말이죠. 둘 다 '믿음'의 문제라는 측면에서 같습니다. 자, 질문자조차 그렇게 생각합니까? IS전사의 맹신과 아인슈타인의 합리적 신념이 어떻게 같겠습니까? 모두 믿음의 문제로서 '같다'라는 표현에 이미 문제가 있습니다. 절대 같지 않습니다. 합리적 신념과 맹신을 '믿음이니 결국 똑같다'라고 표현하는 것이 무슨 의미가 있겠습니까?

그리고 과학도 '종교처럼 믿음의 문제'라는 표현에 대해 덧붙이겠습니다. 오늘날 많은 이들은 자신이 죽으면 윤회를 통해 새로운 생명체나 인간으로 다시 태어날 것을 믿습니다. 또 다른 많은 이들은 사람은 한 번 죽을 뿐 천국이나 지옥으로 가게 된다고 믿는 경우도 있습니다. 그리고 어떤 이들은 우리가 죽고 우리 육체의 구조적 질서가 붕괴되면 물질적 체계에 기반한 '나'라는 의식적 존재도 사라진다고 믿습니다.

세 가지 '믿음'은 '사실'로서 양립할 수 없을 겁니다. 무언가 두 가지는 분명히 틀린 것일 겁니다. 즉 종교도 분명히 사실의 문제입니다. 그런데도 세 가지 '믿음'이 공존하는 이유는 아직 인류가 무엇이 맞는지 알지 못하거나 합의하지 못했기 때문입니다. 과학에서도 아직 검증되지 않은 이론은 가설로서 경쟁하는 것처럼요. 나중에 어느 믿음인가가 사실로서 '증명'된다면 다른 두 가지 믿음은 그냥 틀린 믿음이고 '거짓'이 될 것입니다. 그런 면에서 과학도 종교도 모두 궁극적으로 '사실의 문제'입니다. 동시에 과정상 '믿음의 문제'입니다. '확인 이전'의 문제는 당연히 믿음의 문제인 것이고, 합리적 믿음이 전제되어야 확인을 향해 나아갈 수 있습니다.

그리고 '결국 틀린 것으로 판명될 것'이라는 표현에도 부연하겠습니다. 상대성이론이 나왔다고 뉴턴의 이론이 '틀린 것이 되었다'라는 표현은 적절하지 않아 보입니다. 만약 뉴턴의 이론이 틀린 것이라면 왜 그렇게 오랜 시간 동안 잘 맞았겠습니까? 우리가 경험하는 대부분의 현상에 뉴턴의 이론은 잘 부합하고, 그래서 지금도 잘 쓰이고 있습니다. 그러나, 뉴턴의 이론은 광속 같은 가공할 속도나 블랙홀 같은 거대한 질량을 논할 때 큰 오차가 발생합니다. 상대성이론은 이런 부분에서 관찰에 부합하는 적절한 답을 찾아줍니다. 즉 '뉴턴이 틀렸다'라는 표현보다는 상대성이론은 뉴턴의 이론보다 '더 큰 영역을 설명할 수 있다'가 적절한 설명일 듯합니다. 그리고 그것이 과학의 묘미구요. 여러분이 과학을 그렇게 바라볼 수 있기를 바랍니다.

덧붙이는 글

특히 이 질문과 답변에 대해서는 기말 강의 평가에서 추가적인 학생들의 반응이 꽤 있었다.

"한 줄 질문 답변 중 아인슈타인과 IS 전사의 '믿음'이란 비유는 큰 카타르시스로 다가왔습니다. 제가 무엇을 잘못 생각하고 있었는지, 어떻게 잘못된 생각의 사슬에 빠져 있었는지 명쾌한 답이 되었던 것 같습니다. 크게 감사드립니다."

"공대 학생으로서 과학과 종교에 대해 지난번 한 줄 질문 식의 비슷한 이야기를 하는 종교인 친구에게 어떻게 대응해야 할지 몰라 속상했던 적이 많았습니다. 막연히 과학의 편을 들고 싶었던 건데 제 생각에도 역시 문제는 있었습니다. 이제 어떻게 생각해야 할지, 어떻게 알려줘야 할지 꽤 논리가 섰습니다. 수업 중 가장 인상적인 순간이었습니다."

"한 명 한 명의 한 줄 질문에 성실히 답변해주시는 모습이 존경스러웠습니다. 그리고 그 답변들 속의 허를 찌르는 명쾌함은 더 인상적이었고요. 특히 지난번 과학과 종교의 '믿음'에 관한 이야기 같은 것은요. 많은 준비가 있어야만 가능하다는 것도 알기에 감사드립니다."

학생들의 이 피드백은 필자에게 큰 보람이 되었고, 동시에 이 주제가 좀 더 진지하게 숙고해봐야 할 주제임을 알려주었다. 과학은 종교, 철학, 윤리, 문화가 씨줄 날줄로 얽혀 있는 문제이며 사실은 모든 사람들이 자기도 모른 채 진지하게 의문을 가지고 있는 주제들임도 다시 한번 깨달았다. 답을 한 이후 오히려 답을 한 나의 머릿속이 더 복잡해졌던 경우였다.

Q

과학에 대한 관심 중 가장 부족하다고 생각하는
분야는 무엇입니까?

관심이 가장 부족하다고 여겨지는 부분은 어떤 특정 분야보
다는 과학의 발전 '방향'에 대한 고민인 것 같습니다. 마치 그 고
민은 이미 다 끝난 듯이 생각하는 경우가 너무 많습니다. 가장
안타까운 일이지요. 현문에 우답을 했네요.

Q

국제적으로 유명했던 SNS 기술 등은 다 한국이
개발했었는데 왜 다 망하고 주도권이 넘어갔을
까요?

일단 '다 망했다'는 표현은 조금 심한 것 같습니다. (웃음) 게
임산업처럼 아직 상당한 경쟁력을 유지하는 분야들도 분명히
있습니다. 어쨌든 2000년대 초의 많은 아이디어들이 사장되고
해외기업들이 거의 유사한 아이디어들로 큰 돈을 벌어들이고
있는 것은 분명하겠지요.

이 질문에 대해 아주 단순하고 쉬운 답은 우리가 영어권 국가
가 아니었다는 점을 들 수 있습니다. 즉 시장 규모의 차이가 분
명히 컸습니다. 싸이월드나 아이러브스쿨 등 한국 SNS 회사들
과 미국의 트위터와 페이스북은 모두 공짜 회원들로 운영되고
광고수익과 미래적 성장가능성으로 유지되던 회사였습니다.
시장을 바라보는 방법이나 비즈니스 모델에서는 유사했던 것
입니다. 하지만 한국 SNS 회사들의 한계는 페이스북만큼의 사
용자를 가질 수 없는 상황이었다는 것이 문제였습니다. 유투브
나 페이스북은 몇 억의 사용자가 있고 그러니 광고 수입만으로

도 회사는 운영될 수 있었습니다. 지속적인 투자가 몰렸고요. 영어권 국가 회사였다는 것이 분명 성공의 주 요인 중 하나입니다. 더구나 그때까지는 지금만큼의 '국경 없는 시장' 체제는 아니었습니다. 그러니 처음부터 세계시장이나 이에 준하는 시장을 노릴 수 있는 조건이었느냐와 상관있을 겁니다. 그것은 기술만으로 되는 것이 아니고 기술개발업체를 둘러싼 사회, 문화, 경제적 환경의 총체적 상황과 관련 있는 것입니다.

예를 들어 19세기 말이 되면 독일과학과 기술은 전반적으로 영국을 추월했다고 볼 수 있습니다. 하지만 그래도 돈은 여전히 영국으로 모였습니다. 식민지와 시장을 선점한 것이 영국이었기 때문이었습니다. 독일과학자들은 영국회사에서 많이 일했습니다. 오늘날 똑똑한 인도 출신의 소프트웨어 개발자들이 다 실리콘 밸리에서 미국의 국부를 늘려주고 있는 현실과 비슷합니다. 현재 이 흐름 속에서 그나마 영어권 외의 거대한 독자시장으로 존재할 수 있는 나라는 중국 정도일 겁니다. 일본의 전자회사들이 1990~2010년 사이 삼성과 LG에 추월당한 이유는 애초에 한국회사들이 좁은 내수시장에 기대지 않고 세계시장에서 승부했었기 때문입니다. 일본회사들은 충분히 큰 일본의 내수시장을 믿고 안이했던 측면이 분명히 있었습니다. 그런 의미에서 단일언어와 문화권으로서 시장규모의 차이가 한국 IT 산업을 한계 짓는 데 분명히 작용을 했습니다.

그리고 물론 이 가장 중요한 이유에 덧붙여 한 가지 더 생각해 볼 것이 있습니다. 처음 신기술을 시도하는 회사들은 비즈니스 모델 개발에 실패하는 경우가 많다는 점입니다. 에디슨이 그랬고, 제록스가 그랬습니다. 에디슨은 많은 발명을 했지만 막상 많은 돈은 벌지 못했습니다. 1970년대 제록스의 최신 기술들을 1980년대 애플이 매킨토시로 상업화했지만 막상 크게 성공한 것은 1990년대 마이크로소프트(Microsoft)의 윈도우(Windows)였습니다. 이처럼 후발 주자들이 오히려 열매를 따게 되는 경우가 있는데 IT 산업에서도 그 현상은 꽤 많이 일어났었습니다. 우리나라의 2000년대 IT 산업도 아쉽지만 그런 경우의 하나가 된 셈이고요.

내가 보기에 우리는 과학이라는 단어를 크게 세 가지 정도의 의미로 사용합니다.

먼저 '진리'나 '합리적'의 의미로 사용합니다. '너의 말은 비과학적이다.'라는 표현은 그냥 틀렸다는 말입니다. '풍수지리학도 사실은 과학적입니다' 같은 표현은 '풍수지리학에도 합리적인 부분이 있다'라는 의미가 됩니다.

또 하나는 '과학과 기술'을 합한 의미로 사용합니다. '과학위인전기'에는 제임스 와트나 에디슨 같은 사람이 나옵니다. 분명히 과학자라기보다는 기술자들인데 말이죠. 이 경우 과학은 과학과 기술을 합쳐 부르는 말입니다.

그리고 좁은 의미에서 순수한 'science'로서의 과학을 의미하는 표현이 있습니다. '기초과학이 발전해야 응용기술이 발전할 수 있다'거나 '한의학은 과학이 아니다' 같은 주장들이 그런 경우에 해당합니다. 이 경우는 역사적인 의미에서의 엄밀한 과학, 거의 현대의 물리화학적인 방법론에 기반한 학문들을 의미하는 가장 좁은 의미의 표현이 되겠지요.

과학자,
그들은 누구인가

2

- 과학자들은 대체적으로 무신론자에 가깝나요?
- 종교와 과학은 공존할 수 있나요?
- 코페르니쿠스에서 멘델까지 신학자들이 자연과학 연구에서 많은 업적을 남긴 까닭은 무엇인가요?
- 여성과학자들의 위상은 언제쯤 인정받았나요?
- 위대한 과학자들처럼 강력한 탐구에 대한 열망은 어떻게 하면 가질 수 있을까요?
- 과학자들을 계속 움직이게 하는 원동력은 무엇일까요?
- 우리나라가 기초과학 분야에서 약한 까닭은 무엇일까요?
- 과학연구에서 이런 과학자의 사명감, 더 나아가 윤리적 판단이 필요한가요?
- 과학적 업적을 위해 자신의 인생을 바치는 것과 더 행복한 삶을 위해 노력하는 것 중 어느 것이 더 가치가 있을까요?

아인슈타인은 무신론자라고 알고 있는데, 말년에 '신은 주사위 놀이를 하지 않는다'라고 한 표현의 의미는 무엇인가요?

물론 아인슈타인이 '신은 주사위 놀이를 하지 않는다'고 말한 의미는 궁극적 물리법칙이 확률적이지 않다는 의미입니다.

하지만 왜 아인슈타인을 무신론자라고 알고 있을까요? 나로서는 그게 더 궁금합니다. 그렇게 단순하게 정의내릴 수 있는 사람은 별로 없습니다. 리처드 도킨스처럼 명확히 무신론자임을 밝히는 과학자나 유명인은 극소수일 겁니다. 이런 소문의 경우 대부분 자신의 입장이 유명한 사람과 같다는 식의 단순논리로부터 비롯되었을 확률이 큽니다. 그런 말을 처음 한 사람은 당연히 거의 신빙성 없는 얘기를 진지한 검증도 없이 말했을 확률이 높습니다. 언제나 강조하지만 과도한 단순화가 문제를 발생시킵니다.

무신론이 뭘까요? 사실 무신론이 뭔지 설명되기 위해서는 그 단어 안에서 신이 무엇인지 설명되어야 합니다. 신, 존재, 시간, 공간 등의 단어는 볼펜, 책상, 스마트폰 등의 단어와 전혀 다릅니다. 쉽게 합의할 수 있는 단어가 아니기 때문에 엄밀히 말의 맥락을 쫓아가지 않으면 우스꽝스런 해석이 될 가능성이 크다는 것을 먼저 알아두기 바랍니다.

단순화를 무릅쓰고 짧게 덧붙인다면, 신을 바라보는 관점을 크게 범신론, 이신론, 인격신론으로 나눕니다. 각각 대체로 만물이 신이고 신이 내재해 있다는 관점, 이치 자체가 신이라는 관점, 화내고 슬퍼하고 후회하는 인간적 감정을 갖춘 신의 관점을 의미합니다.

이중 특히 인격신관은 오늘날 많은 지식인들이 거부감을 가지고 있습니다. 그런 경우 보통 자신이 무신론자임을 표방하게 되는데 사실 오늘날 무신론자라면 17~18세기의 이신론자에 가까울 것으로 보면 될 겁니다.

그리고 아인슈타인은 '나는 스피노자의 신을 믿는다'고 표현한 바 있습니다. 스피노자는 흔히 범신론자로 분류되지요.

아인슈타인의 발언으로 볼 때 신의 존재를 믿고
있는 것처럼 보입니다. 여러 과학자들은 대체적
으로 신을 믿었는지, 아니면 믿지 않았는지 궁금
합니다.

또 비슷한 질문이네요. 앞의 질문들에 대한 대답과정에서 어
느 정도 답이 되었지만 17세기까지의 과학자들은 당연히 유신
론자입니다. 원인자로서 신은 당연히 있겠지요. 우리가 결과로
서 존재하니 그것은 논리적 귀결입니다. 스스로 무신론자라고
밝히는 대부분의 사람들은 당연히 인격신관에 대한 반대자라
고 보면 될 것입니다. 현대적인 의미에서의 무신론은 사실상 19
세기에야 나온다고 보면 됩니다. 특히 분명하게 인격신관에는
반대하는 과학자들은 이때부터 많이 찾아볼 수 있습니다. 노하
고, 기뻐하고, 후회하고, 인간의 기도에 응답하는 신에 반대하
는 것이지요. 정확한 비율에 대한 정보는 나도 들은 적 없습니
다만 오늘날 꽤 많은 무신론적 과학자들의 태도는 이 경우에 해
당한다고 보면 될 겁니다.

Q

과학혁명의 주요 과학자들은 모두 가톨릭 개혁
에 대한 열망이 한계에 이르러 신교가 등장한 뒤,
신교의 영향력이 강하거나 아예 신교도 영역이었
던 곳에 거주하던 시대적·공간적 배경하에 있던
인물들입니다. 신교도들은 순수한 교리적 논리
를 추구하던 사람들인데, 그들은 종교적 비난에
시달리지 않았습니까?

먼저 사실관계가 틀린 것 같습니다. 코페르니쿠스나 갈릴레
오는 가톨릭 영역에 사는 가톨릭 교도입니다. 데카르트는 신교
도 지역인 네덜란드에 사는 가톨릭 교도이고요. 티코와 케플러
는 신교도인데 프라하에서 가톨릭 군주를 모시고 살았습니다.
뉴턴은 국교회로 바뀐 영국에서 살았고 막상 본인은 아리우스
파 이단이었습니다. 사실 과학자의 종교와 해당 지역의 종교가
과학자들의 업적과 운명에 그리 큰 영향을 미친 것처럼 보이지
는 않습니다.

그들이 특별히 종교적 비난에 시달릴 이유도 없었고 비난을
당한다 해도 자신의 과학이론 때문일 확률은 별로 없어 보입

니다. 아마도 갈릴레오 재판 때문에 이런 질문이 자꾸 등장하는 듯한데 사실 그 재판은 특별한 경우이며, 지동설 자체의 진위 여부보다도 갈릴레오가 지동설을 가르치지 않겠다고 했던 약속의 불이행이 큰 이유입니다. 많은 이들이 잘못 알고 있지만 종교가 과학이론에 간섭한 적은 '거의' 없습니다.

대중적으로 잘 알려진 갈릴레오 재판과 창조진화논쟁 정도가 사실상 전부였다고 봐도 무방할 겁니다.

사실 그 당시 교회와 유력한 영주들을 상호비난하기도 바쁜 시절인데 천문학 같은 '실용적인' 학문을 하고 있는 사람들을 비난할 틈이 있었을까요? 다시 얘기하지만 지동설은 '굳이' 공격당할 이유가 있는 이론은 아니었습니다.

그리고 아마도 질문자는 막스 베버의 『프로테스탄티즘과 자본주의 정신』 같은 유형의 책을 읽어봤을 듯합니다. 그런 주장처럼 신교의 윤리와 자본주의 정신이 연관이 있을 수 있고, 머튼의 주장처럼 과학발전과 신교 윤리도 연관이 있을 수 있습니다. 모두 뛰어난 학자들의 음미해봐야 될 주장들이고요. 그러나 그렇다고 '가톨릭 지역에서는 과학이 나올 수 없다'거나 '신교 지역에서 학자들의 자율성에 대한 간섭이 더 심했을 것이다' 같은 식의 단순한 주장으로 가는 것은 크게 무리가 있습니다. 학자들의 학설과 주징을 과도하게 받아들이거나 단일한 이유인 것처럼 생각해서는 안 됩니다. 특히 사회이론인 경우에는요.

Q

과학은 알면 알수록 종교에 반하는 것인데, 근
대 과학자들은 모두 무신론자에 가깝거나 그냥
형식상 믿는 건가요?

과학은 알면 알수록 종교에 반할 것이라는 전제가 일단 타당
하지 않아 보입니다. 왜 그렇게 생각합니까? 그것이 사실은 검
증되지 않은 하나의 시각일 뿐입니다. 아마도 질문한 학생은 나
름대로 머릿속에 그에 해당하는 인상적 사례를 가지고 있을 겁
니다. 하지만 언제나 반대사례도 많이 찾아낼 수 있다는 것을
염두에 두십시오.

근대 과학자들은 당연히 유신론자와 무신론자 모두 많이 찾
아볼 수 있습니다. 하지만 사실 실제 물어야 하는 것은 어떤 유
신론과 어떤 무신론인지부터 물어야 합니다. 유신론과 무신론
이라는 단어 자체가 짧게 정의될 수 없는 것이라는 점부터 생각
해야 합니다. (다른 질문과 중첩되므로 이후 답변은 생략함)

과학이 현대사회에 엄청난 발전을 가져온 것은 분명합니다. 하지만 수업에서 배웠듯 완벽한 것은 아닙니다. 우리가 어디까지 과학을 믿고 받아들여야 하는지 바람직한 자세가 궁금합니다. 더불어 종교와 과학은 공존할 수 있는지도 의문이 생깁니다.

이번에도 '거대한' 질문이네요.

일단 뒤부터 대답해보겠습니다. '종교와 과학은 공존할 수 있는지도 의문이 생깁니다' 같은 질문은 내가 보기에는 '위장과 간이 공존할 수 있는지 의문이 생깁니다'와 같은 문장으로 느껴집니다. 당연히 다 필요하며 어느 것이 더 중요하다고 할 수도 없습니다. 그리고 잘 공존하고 있습니다. 문제는 위장이나 간이 탈이 나거나 오동작하는 경우, 또는 위장 문제를 간 문제라고 착각하는 경우가 문제일 뿐입니다.

그리고 과학만능주의는 당연히 과학적이지 않습니다. 과학은 그런 주장을 한 적이 없습니다. 과학은 자신이 할 수 있는 일과 없는 일을 명확히 밝혀왔습니다. 그 솔직함이 과학의 참 멋입니다. 그러니 과학만능주의야말로 과학이라는 이름하에 우상 숭배를 하는 이상하고 유치한 종교를 하나 만들어놓은 셈입니다. 이런 우상을 없애려면 어떻게 해야 할까요?

과학뿐만 아니라 사실 모든 것이 아는 만큼 보입니다. 시사적 상식, 사회 이슈 등에도 관심을 가져야 하듯, 과학도 그런 것일 텐데 상상 외로 과학에 대해서는 상식이 부족한 경우가 많고 스스로 그런 상태임을 잘 모른다는 것이 문제겠지요. 그런 것을 조금이라도 해결해보기 위해 이런 수업도 있는 것이겠고요.

Q

코페르니쿠스에서 멘델에 이르기까지 신학자들
이 자연과학연구에서 많은 업적을 남긴 경우가
많은 것은 무엇 때문일까요?

근대 초까지 지식인들은 당연히 신학자들을 의미했습니다.
'신학자가 아닌' 전문적 학자 그룹이 형성된 것은 거의 17세기
이후라고 봐야 할 겁니다. 그 시대의 학자이자 지식인들이 과학
이론에서도 두각을 나타내는 것은 너무나 당연한 것이겠지요.

또한 신학자들은 가족에 대한 부양 의무도 없고, 경제적 궁핍
에 시달리지 않는 총명한 사람들이기 때문이기도 합니다. 그리
고 과학의 시작이 자연에 나타난 신의 뜻을 알기 위한 목적에서
시작된 측면이 있으니 직업적 과학자들이 나타나기 전까지, 혹
은 그 이후까지도 어느 정도는 신학자들이 과학연구를 담당했
던 것이 자연스럽겠지요. 그 정도를 이유로 들 수 있을 것 같습
니다.

Q

과학자들이 신을 믿는지, 존재한다고 생각하는
지 알고 싶습니다.

또 나온 질문이네요. (웃음) 신을 정의해주세요. 그러면 대답
해주겠습니다. 신은 볼펜, 시계, 운동화 같은 것이 아닙니다. 우
리가 직관적으로 쉽게 합의할 수 있는 개념이 아닙니다. 내가
보기엔 똑같은 종교단체에서 바로 옆에 앉아 기도하고 있는 사
람들도 서로 다른 신께 기도할 확률이 높다고 생각합니다. 똑같
은 이름으로 부르더라도 자신의 머릿속에 그리고 있는 신의 속
성은 전혀 다를 수 있기 때문입니다.

원인이 있었으니 결과가 있었다는 것은 자명한 논리입니다.
그러니 '시작 존재'나 '시작시킨 존재'를 설정하는 것은 너무나
당연합니다. 그런데 그 시작존재가 각자가 말하거나 표현한 형
태의 '신'일지는 논쟁적이라는 것뿐이지요.

그러니 신이 있다고 답하는 과학자가 있을지라도 그 과학자
가 그린 신이 인격신인지, 이신인지, 범신인지, 조금은 막연한
신인지는 좀 더 정확히 들어봐야 하는 것입니다. 유명한 과학자
가 신을 언급했을 때, 전후 맥락을 통해 문장에서 사용된 신을

해석할 필요가 있습니다.

　신이 없다고 말하는 과학자도 '원인'은 당연히 믿을 겁니다. 이 경우 그 과학자는 사실 '신'이란 단어를 싫어하는 것이겠지요.

덧붙이는 글

과학자들이 종교와 신에 대해 어떤 생각을 가지고 있는지에 대한 질문은 의외로 많이 듣게 되는 질문이다. 학생들은 종교에 대해서도 과학자들이 뭔가 명쾌한 답을 줄 것으로 생각하는 경향이 있다. 과학의 위상은 오늘날 그만큼 높은 것이다.

살펴본 대로 어떤 학생들은 과학을 알수록 신을 버릴 것이라 생각하고, 어떤 학생들은 과학을 알게 되면 신을 찾게 될 것으로 생각한다. 사실 과학은 그 어느 쪽도 주장한 적이 없다. 각 학생의 견해는 사실 각자가 속한 사회집단의 전반적 성향을 보여주는 시각일 뿐임을 학생 스스로가 모르고 있을 뿐이다. 나는 이 질문 유형의 경우 실제 알려줘야 하는 것은 자신의 견문이 아직은 스스로의 생각보다 훨씬 좁다는 것을 느끼게 해주는 것이라고 본다.

Q

아인슈타인이 뇌의 10% 정도를 사용했다고 하
는데, 실제로 이렇게 뇌를 많이 사용하려면 어떻
게 해야 할까요?

이 질문도 오랜만이군요. 아인슈타인이 뇌의 몇 %를 사용했
다는 얘기는 많이들 들어본 얘기일 겁니다. 한 마디만 하겠습니
다. 뇌가 드럼통입니까? 10%를 사용했다는 게 무슨 얘기인가
요? 뭘로 알 수 있는 걸까요? 한마디로 말도 안 되는 얘기입니
다. 그냥 아인슈타인이 열심히 노력해서 머리를 많이 썼다는 얘
기일 뿐입니다.

내가 듣기로 수십 년 전 일본 방송에서 의사가 나와서 한 얘
기가 유행한 것으로 알고 있습니다. 아마도 그 의사는 위대했던
사람들은 특별한 사람이 아니라 단지 열심히 노력한 결과임을
대중이 알기 쉽게 설명하려고 한 것뿐일 겁니다. 그런데 10%니
20%니 하는 숫자가 나오자 대중들은 그런 것을 측정하는 과학
적 방법이 있을 것으로 믿어버린 것이지요. 심지어 90%를 썼다
는 버전까지 있더군요. 그 정도면 치매가 오지 않았을까요? (웃
음) 심심찮게 발생할 수 있는 해프닝입니다. 이런 경우도 일반

인의 이해를 돕기 위해 전문가가 쉽게 표현하려 한 이야기가 이상한 오해를 불러일으킨 경우라고 할 수 있습니다.

Q

과학의 발전 과정에 대한 동서양의 차이가 궁금합니다. 동양은 과학자들의 신분이 낮은데 서양은 높은 신분이 대부분인 것 같습니다. 그 이유가 궁금합니다.

사실 많이 듣는 질문입니다. 이 경우도 일단 잘못된 시각입니다. 사실은 질문 안에 '과학'이란 단어의 의미와 상관있는 질문입니다. 아마도 뉴턴 같은 '과학자'를 자꾸만 장영실 같은 '기술자'와 비교하기 때문에 강화되는 시각으로 보입니다.

일단 동양과 서양 모두 학자의 신분은 높습니다. 조선시대에 뉴턴이나 갈릴레오에 해당하는 사람은 누구일까요? 나는 당연히 이황 선생이나 이이 선생님을 꼽아야 할 것 같습니다. 갈릴레오와 뉴턴은 자연철학자, 이황과 이이 선생님은 유학자. 모두 오늘날 관점에서 철학에 종사하는 사람들입니다. 그분들의 신분이 낮았나요?

기술자의 신분은 동양과 서양 모두 낮았습니다. 최고 권력자들의 눈에 띌 수 있는 역량을 갖춘 극소수만 이름을 남길 수 있었을 뿐입니다. 다빈치와 장영실 같은 사례가 있지요. 장영실과 비교될 사람은 아마 다빈치 정도를 꼽아야 맞을 겁니다. 다빈치가 장영실보다 더 좋은 대접을 받았던가요? 다빈치나 미켈란젤로 정도의 극소수 기술자나 예술가를 조선에서 찾는다면 궁중 예술가와 장인들 정도에서 찾아야 할 겁니다. 조선에서도 그 정도 수준의 기술자들은 좋은 대접을 받았고, 그랬다 해도 다빈치처럼 권력자보다는 낮은 지위였지요. 사실 똑같았다가 정답입니다. 유럽과 동아시아 모두 (과)학자의 지위는 높았고 장인의 지위는 낮았습니다.

서양에서도 장인은 시민 혁명기까지 신분이 낮았다고 봐야 합니다. 서양이 과학기술자를 오래전부터 우대해서 과학기술이 발전했다는 형태의 오해는 대부분 서양의 시민혁명과 산업혁명 이후의 이미지를 오래된 과거에 투영하기 때문에 발생하는 것입니다.

유럽은 200년 전에 왕과 귀족들로부터 민중이 권력을 빼앗습니다. 그래서 19세기 서양은 시민계급의 힘이 커졌지요. 동아시아는 20세기에 그 흐름에 편입된 셈입니다. 실제 동양과 서양의 많은 사건들의 격차는 수백 년이 아니라 수십 년 정도입니다.

예를 들어 우리가 알다시피 미국이라는 나라에서는 1865년까지 노예가 있었습니다. 우리는 갑오경장을 통해 신분차별이 제도적으로 없어졌지요. 30년 정도의 격차입니다. 미국이 여성에게 투표권을 준 것은 1920년, 우리는 1948년이지요. 프랑스도 1946년에야 여성에게 투표권을 줘서 우리와 2년 차이고, 스위스는 1971년에 줘서 우리보다 23년이나 늦습니다. 이 말을 듣고 놀라는 사람들이 많습니다. 유럽은 무언가 '모든' 점에서 우리보다 '아주' 빨랐을 것이라는 가정을 가지고 있기 때문이지요. 하나하나의 시각을 바꿔야 합니다.

사실 우리가 알고 있는 익숙한 세계는 그리 오래되지 않았습니다. 이런 부분은 과학에 대한 오해에서 기인했다기보다는 역사에 대한 오해에서 기인한 셈입니다. 진실은 상식과 다릅니다. 나는 수업을 통해 그런 부분을 느껴가기 바랍니다. 그런 의미에서 아주 좋은 질문이었습니다.

학생 여러분의 공부를 돕기 위해 또 하나 독설을 남기겠습니다. (웃음) 우리는 역사를 '잘' 모른다고 생각합니다. 그런데 사실은 '전혀' 모릅니다. 더 깊게 읽고, 세상이 넓은 만큼 역사도 길고 깊다는 것을 느껴볼 기회를 많이 가지기 바랍니다.

여성과학자들의 위상은 언제쯤 인정받았는지 궁금합니다.

역사적으로 마담 샤틀레 등 몇 명을 언급할 수 있겠지만 제도적으로 여성과학자가 제대로 인정받은 것은 퀴리부인이 '사실상' 최초인 셈입니다. 그것도 여러 조건이 겹친 대단히 특수한 경우였고요. 여성과학자 세대는 사실 '방금' 시작했다고 보면 될 겁니다. 여성이 직업군에 제대로 들어간 것이 서구에서 제2차 세계대전 시기부터였습니다. 여성과학자 세대는 그 이후에 시작했다고 보는 것이 맞겠지요.

"역사적으로 마담 샤틀레 등 몇 명을 언급할 수 있겠지만 제도적으로 여성과학자가 제대로 인정받은
것은 퀴리부인이 '사실상' 최초인 셈입니다."

Q

하버드대 총장이 '여성은 수학과 과학에 선천적
으로 재능이 없다. 여성이 이공계에서 성공하지
못하는 것을 차별 탓으로 돌리지 말라'라고 했
는데, 확실히 유명한 과학자나 수학자를 보면
남자가 많은 건 사실인데 이 의견에 대해 어떻게
생각하십니까?

먼저 그 위험한 하버드대 총장의 발언은 전후 맥락이 있었을
거라고 생각합니다. 뜬금없이 그런 얘기를 내놓지는 않았을 것
이고 아마도 관련 문제로 스트레스 받는 상황이 있었을 것 같습
니다. (웃음)

그리고 유명 과학자 중 남자가 많은 이유는 과학에 종사하는
사람이 거의 남자니 당연히 확률적으로 그럴 수밖에 없겠지요.
과학에 대한 재능의 차이와는 전혀 상관없는 얘기인 것 같군요.
여성이 과학과 학문 분야에 진입하기 시작한 것이 최근입니다.
그러니 어쩌면 유명 여성과학자가 있는 것 자체가 대단한 것이
라고 봐야겠지요.

특히 한국에서라면 내 세대까지는 '아들을 먼저' 대학에 보내는 시대였습니다. 그러니 결국 과학자가 된 사람의 비율도 마찬가지 상황을 대입해야겠지요. 현재 한국의 40대 여성과학기술자가 뚜렷이 적은 것은 그런 부분을 고려하면 너무 당연한 것이 됩니다. 즉 한국에서 대학입학자 비율이 어느 정도 양성 평등을 이룬 세대는 아직 사회에서 주도적인 위치에 진출해 있지 않습니다. 그러니 자료 자체가 없습니다.

다시 말해보면, 여성이 과학기술 분야에 발휘할 수 있는 재능의 정도가 남성보다 우월한지, 똑같은지, 열등한지 사실상 알 수 없다가 정답입니다. 제대로 기회가 주어졌던 적이 없는데 그것을 어떻게 따질 수 있겠습니까?

덧붙여 이런 것도 생각해볼 수 있습니다. 과학기술자 중 남자가 더 많은 것이 남자가 대접받는다는 뜻인가요? 실리콘밸리에서 인도 프로그래머 비율이 높으니 인도인이 대접받는 것일까요? 선진국으로 갈수록 과학기피 현상은 일반적입니다. 좀 더 쉽고 안전해 보이는 직업을 선택하고 있습니다. 과학 분야는 분명히 쉽지 않은 직업군인 것도 사실입니다. 이런 부분들도 종합적으로 고려해봐야 하겠지요.

정확한 비교는 동일전공 학부 졸업자 대비 비율로 따져봐야 될 것 같습니다. 그리고 내 생각으로는 비록 많이 좋아졌을지라도 그 결론은 아마도 물론 차별적일 것입니다. 그건 과학계가 유난히 더 차별하는 것이라기보다 전 분야에서 아직 여성은 차별받고 있다가 정답일 것 같고요.

> **Q**
>
> 여성과학자들은 요즘도 많은 차별을 받고 있나요?

여학생의 질문이네요. 본인은 어떻게 느끼나요? 모두가 알고 있는 것처럼 특히 30대 여성들은 임신, 출산, 육아 등으로 많은 경력단절을 경험하고 있습니다. 분명히 불리하고 이것을 차별로 본다면 분명히 차별입니다. 문제는 불리한 것을 불리한 대로 그냥 두는 것이 공평하다고 볼 사람도 있고, 옳지 않다고 볼 사람도 있겠지요.

예를 들어 집에 돈이 많으면 자식이 좋은 대학에 갈 확률은 높아집니다. 이미 불평등하지 않습니까? 그러면 차별 아닌가요? 그렇다면 대학 입학 정원을 가정 소득 비율에 맞춰 나눈다면—예를 들어 하위 10% 소득자가 대입 정원의 10%를 차지하도록—옳은 걸까요? 분명히 논쟁거리일 것 같습니다.

즉 무엇인가를 차별로 규정할 수 있느냐의 문제는 그 문제를 '사회의 책임'이냐로 보느냐에 있습니다. 그래서 차별의 범위와 종류는 시대정신에 따라 계속 바뀌게 됩니다.

이런 전제하에, 질문이 과학분야에서는 여성들이 '다른 분야에 비해' 더 많이 차별받느냐의 문제라면 '그럴 것이다'라고 기본적으로 답할 수 있을 것 같습니다. 사회가 차별을 의도하지 않더라도 여성의 비율이 분명히 과학계에서 뚜렷이 작기 때문에 학문 후속세대를 길러내기가 용이하지 않기 때문입니다. 이미 많은 여성이 진출한 직업들은 그런 경향이 분명 조금 덜할 것이고요.

위대한 과학자들처럼 강력한 탐구에 대한 열망
은 어떻게 하면 가질 수 있을까요?

과학자들 말고도 강력한 열망을 가진 사람들은 많았습니다.

사실 여러분들이 행하는 다양한 학습들이 자신이 열망할 분
야를 찾는 과정일 겁니다. 그 열망의 분야와 방향과 강도는 자
기 자신만 아는 경우도 있고, 자기도 모르는 경우도 있습니다.
일찍 찾는 사람도 있고 상당한 나이가 들어 자기 재능과 열망을
찾아내는 경우도 있습니다. 우리 인생 전체가 자기 스타일을 확
인하는 과정이라고 볼 수도 있겠지요.

어떤 이들은 자신의 열망과 자신의 직업이 일치하지 않고도
많은 일을 해내기도 했습니다. 라브와지에도 화학혁명의 아버지
로 불리지만 직업은 세금징수관이었지요. 그러니 너무 조급해할
필요까지는 없겠으나, 자신의 열망의 정도와 대상 분야를 찾아
내는 기본적인 방법은 정해져 있다고 봅니다. 어떤 작업에서 희
열을 느끼는 경험을 해 보는 것, 그리고 자신의 지능력의 한계치
를 확인할 수 있을 정도로 몰입하는 경험을 해보는 것입니다. 분
명히 그 이후에는 세상과 일을 대하는 방법이 달라질 겁니다.

업적을 남긴 과학자들의 혁신은 기존 세계에 부 딪히는 일이다. 그들을 계속 움직이게 한 원동력 은 무엇일까? (호기심이나 사명감 등에는 한계가 있다고 생각한다.)

호기심이나 사명감에 한계가 있을지라도 그 강도는 사람마 다 다릅니다. 분명 지적 호기심이 많거나 사명감이 남달리 투철 한 사람들이 업적을 만들게 되는 것은 분명합니다. 그리고 두 가지가 잘 섞이면 가장 좋은 모습이겠지요. 그리고 그들의 지적 호기심이 충분히 꽃필 수 있었던 시대적 배경도 중요합니다. 시 대상황과 개인의 비중을 반반 정도로 생각하는 것이 건강한 사 고법일 겁니다.

퀴리부인은 남편 형제의 압전기 연구, 아인슈타인은 막스 플랑크가 없었다면 우리가 아는 그들은 존재하지 않았을 수도 있다고 생각됩니다. 수업에서 언급된 것처럼 그들의 성공에는 과학자들의 상호교류가 큰 배경이 되었고, 미국에서 아인슈타인이 별다른 성과를 내지 못했던 것도 유럽에서처럼 교류가 쉽지 않았다는 것이 하나의 원인이었을 것입니다. 우리나라가 기초과학 분야에서 약한 까닭은 분야 간 교류가 없기 때문이 아닐까요?

적절한 지적입니다. 분명 그 이유도 큽니다. 학과 간 장벽이 너무 높다는 문제는 오래전부터 많이 언급된 것입니다. 덧붙여 영미권에 너무 경도되어 있는 학문 현실도 문제입니다. 학문 다양성이 자라나기 힘든 토양이라는 것이 큰 문제의 하나입니다.

또 하나는 과학기술 자체를 바라보는 시각 자체의 문제입니다, 우리는 사실 기초과학에 대한 학문적 연구를 권장한 적이 없습니다. 동아시아 국가들에서 과학은 대부분 경제발전의 도구라는 인식이 아주 강했습니다. 그러니 당장에 효과가 나지 않고, 형이상학적인 느낌의 기초과학은 외면 받게 되는 경향이 있게 됩니다. 이것은 19~20세기에 걸친 서구 열강의 침탈에 맞서기 위해 불가피한 측면도 있었습니다. 과학을 문화로서 바라보기에는 시간이 많지 않았고, 그러니 입으로는 기초과학의 발전을 외치지만 일정한 자금의 지원 정도를 넘어서는 시도들은 보이지 않습니다.

한 예로 아마도 많은 정책입안자들이 SF 영화에 투자하는 것은 과학기술에 대한 투자로 느껴지지 않을 것입니다. 하지만 아톰을 보고 큰 일본 어린이들이 결국 아시모와 페퍼를 만들게 되는 것입니다. 긴 시간을 놓고 볼 때 결국 사람에 투자해야 하는 것이고, 그것은 무엇보다 동기부여를 하는 것이 가장 좋은 방법입니다. 그 효과는 느리지만 확실하게 나타납니다. 우리는 학문에 투자하지 않은 것이 아닙니다. 단지 단기적 효과를 노리는 근시안적 투자가 많았던 셈이고, 이런 투자는 결국 최종 결과물을 어느 정도 추측할 수 있는 응용과학, 산업기술의 측면에서는 국민적 근면성과 결합해서 꽤 많은 효과를 얻었지만, 기초과학에 대해서는 투자 결과물을 얻기까지 오랜 시간을 기다리는 지혜가 부족했다고 볼 수 있습니다.

그리고 그것이 노벨상을 받기 위해 억지로 기초과학에 투자해야 한다는 식의 발상이어서도 곤란합니다. 노벨상에 정보통신 부분이 있었다면 우리는 이미 노벨상을 여러 번 수상했을 겁니다. 우리가 이 분야 노벨상을 받지 못한 것은 단지 그 분야 노벨상이 없기 때문입니다. 하지만 그렇다고 정보통신 분야가 노벨과학상 분야에 비해 인류에 대한 기여도가 낮은 것이 결코 아닙니다. 반복해서 강조컨대, 노벨상은 어느 날 결과로서 나타나야지, 목표로 해야 할 대상은 아닙니다.

Q

양자역학을 연구하고 창시했던 학자들 중에도
과학과 철학의 경계점에서 의문을 던지며 아이디
어를 생각해낸 사람이 있는지 궁금합니다.

일단 나는 그렇지 않은 사례가 있는지 궁금합니다. 어떤 철학
에 기반하지 않은 과학이론이란 있을 수 없습니다. 과학 자체가
하나의 이데올로기이기도 합니다.

물론 자신의 연구과정에 자신의 철학이 자연스럽게 개입하
는 경우와 의식적으로 새로운 철학체계에 기반한 연구를 수행
하는 경우는 나뉠 수 있을 겁니다.

예를 들어 퍼즐 풀이식으로 DNA 구조발견을 해낸 왓슨과 크
릭 같은 경우는 기계론적 입장에서 분자수준에서의 물리화학
적 방법으로 생명현상을 설명해내야만 한다고 보는 관점을 공
유했던 학자 그룹의 일원이었다고 볼 수 있습니다. 하지만 의식
적으로 그런 결론을 내야만 한다고 생각한 경우는 아마 아니었
을 겁니다.

하지만 특히 물리학 같은 근본적인 질문을 묻는 학문에서 기
존 패러다임을 바꾸는, 정말 자연철학적인 새로운 질문을 던지

는 혁신적인 분야라면 해당학자들이 기반하고 있는 철학적 관점이 당연히 떠오릅니다. 양자역학에 대한 관련한 복잡한 이야기들이나 연구는 꽤 있지만, 한 가지 간단한 사례를 들자면 확률적인 설명을 궁극적 해석으로 내놓은 보어 같은 학자의 경우 덴마크 출신입니다. 보어의 상보성원리는 덴마크의 철학자 키에르케코르의 논리와 유사한 측면이 분명히 발견됩니다. 자연의 한계를 초월하는 것이 아니라 그 한계에 철저하자고 한 태도는 그런 유형의 철학을 듣고 성장한 보어에게 영향을 미쳤다고 볼 수 있습니다.

해당 과학이 기반하고 있는 정신, 혹은 입장이 철학인 것이고, 그 철학이 결과로서 드러난 것이 과학이론이라고 보는 것이 적절한 시각일 것입니다.

과학이 팀 중심 연구의 시대로 넘어가면서 여성 과학자들이 학계의 남성 중심적 전통 때문에 많은 제약에 시달리고 있다고 들었습니다. 그러나 여성과학자들의 수상실적이나 점유율에서도 보듯 오늘날에는 과학계의 성차별도 전보다는 해소된 부분이 적지 않은 것 같은데요. 교수님께서 보시는 오늘날 과학계의 성차별 현황이 궁금합니다.

일단 함부로 얘기할 수 없다고 봅니다. 내가 남성이고 실제 현장에서 여성 연구자들이 느끼는 차별의 현황을 감정적으로 내가 이해하고 있다고는 생각지 않습니다.

단순하게 대답하면 차별은 여전히 존재하지만 과거보다는 좋아졌다는 뻔한 이야기를 할 수 있을 겁니다. 그리고 팀 위주의 연구관행이 정착되기 이전에는 여성과학자들이 제약에 시달렸거나 아니었다가 아니라, 퀴리부인 같은 극소수 학자들을 제외하면 아예 여성 연구자의 자리 자체가 없었다고 표현해야 맞을 겁니다. 그러니 20세기 후반 여성과학자들이 '배출'되고 있는 상황 자체가 일단은 진보입니다.

사실 과학자 사회에 여성의 진출이 필요하다는 얘기 이전 문제 중 하나가 과학자가 되려는 사람 자체가 줄어드는 현상이라고 봐야겠지요. 대부분의 선진국이 겪는 문제지만 엔지니어가 되려는 재능 있는 젊은이들이 줄어드는 것은 범세계적 현상입니다. 직장의 경우도 여성의 사회 참여 이전에 직장 자체가 없다는 문제가 더 근본 문제입니다. 이런 문제들이 동시적으로 해결되어야 성차별에 대한 문제해결도 가능합니다.

Q

자신이 이미 만들어놓은 이상에 사로잡히지 않고
연구를 진행하기 위해서 과학자들은 어떤 노력을
해야 할까요? 과학사 수업을 들으니 많은 과학
자들이 이미 정해놓은 결과에 끼워 맞추려는 식의
연구를 진행하는 것 같다는 느낌을 받았습니다.
그럼에도 여전히 과학의 발전은 이루어졌고, 현재
도 진행되고 있기에 궁금해졌습니다.

'이미 정해놓은 결과 끼워 맞춘다'는 표현에는 동의하지 않습
니다. 본인의 심증이 가는 가설을 제시하고 검증하는 것은 과
학의 정상적인 연구방법입니다. 과학자들은 모두 자신이 만들
어놓은 이상에 '사로잡혀' 연구합니다. 어떤 가설을 설정해두는
것은 잘못된 것이 아닙니다. 문제는 그 연구활동을 정직하게 올
바른 방법론에 근거해서 수행하느냐의 문제일 뿐입니다.

퀴리부인과 아인슈타인은 위대한 업적을 남겼지만 동시에 매우 다른 삶을 살았습니다. 수업에 언급한 것처럼 단순한 지적 호기심으로 연구에 매진한 아인슈타인과는 다르게 퀴리부인은 사명감을 가지고 연구에 매진했습니다. 과학연구에 있어 이런 과학자적 사명감, 더 나아가 윤리적 판단이 필요한가요? 아니면 과학적 사실을 밝히는 데 주력하고 이것이 어떻게 이용될 수 있는지 세상에 맡기는 것이 옳은 선택일까요?

질문자가 이미 답을 알고 있을 것 같습니다. 후자는 이미 아닌 것 같습니다. 먼저 퀴리부인이 사명감을 가지고 연구에 매진했다는 것부터 생각해봅시다. 폴로늄과 라듐을 발견하는 과정에 말인가요?

인류를 위하고 남을 위하는 역사적 연구를 수행하고 있다고 그 시기에 뚜렷한 자기인식을 했다고 생각되지 않습니다. 만약 그랬다면 엄청난 자기과신이라고 봐야겠지요.

당시 퀴리부인은 박사학위를 받는 데 필요한 적절한 연구주제를 찾아냈고 열심히 그 연구를 수행했습니다. 퀴리부인의 사명감은 그런 사명감을 가져야 할 것으로 기대되는 사회적 지위에 올라간 뒤부터라고 봐야 합니다. 그리고 그것만으로도 충분히 존경할 만하고요.

그리고 아인슈타인 역시 유명인이 된 뒤 윤리적 판단을 고민하지요. 자신이 원폭개발을 요청하는 편지를 루즈벨트 대통령에게 쓴 것을 후회했다는 것은 그 예입니다. 자신의 과학적 결과물이 불러일으킬 결과에 대해 고민하지 않는 과학자라면 당연히 인간적으로 무책임한 과학자입니다.

리제 마이트너처럼 불합리한 차별을 받아 노벨
상을 수상하지 못한 사례들이 또 있을까요?

일단 꽤 있을 듯합니다. 그러나 증거는 없습니다. (웃음) 예를
들어 아인슈타인이 여덟 번이나 노벨상 후보에 올랐지만 수상
이 미뤄지는 과정도 의심쩍습니다. 노벨상을 주기에는 아직 검
증이 약하다는 주장은 언제나 가능하겠지만 노벨상 위원회나
스웨덴 한림원 안에 당시 반유대주의자가 있었을 확률도 얼마
든지 있습니다.

그리고 불합리한 차별이라기보다는 변방 학자들은 알려지기
가 힘들다는 것도 하나의 문제겠지요. 일본의 최초의 노벨상 수
상자인 유카와 히데키도 상황을 제대로 알고 주류 학계에 네트
워크를 가지고 있는 니시나의 독려와 후원이 없었다면 유수의
해외 학술지에 논문을 싣지도 못했을 것이고 노벨상을 받지도
못했을 겁니다. 일단 스웨덴 한림원 사람들이 이름은 들어볼 수
있어야 노벨상을 받을 수 있겠지요.

그러고 보니 생각나는 사람이 세르게이 코릴료프가 있네요.
가가린을 세계 최초로 우주비행을 시킨 소련의 엔지니어지요.

노벨상 위원회에서 소련에 노벨상을 주려고 계속 수석 엔지니어를 알려달라고 했다고 합니다. 그런데 소련은 국가기밀이라고 누군지를 함구했고요. 결국 코릴료프는 장례식 때에야 인류의 우주개발의 공로자임이 알려졌습니다. 그러니 노벨상은 영영 못 받았지요. 이런 경우까지 있습니다.

퀘이사를 발견한 조셀린 벨의 사례처럼 교수와 박사과정생의 연구업적 배분 문제도 대표적인 논쟁사례라고 할 수 있습니다. 벨의 지도교수는 벨이 자신의 지도에 따라 단순한 작업을 수행했고, 자신의 연구 프로젝트 결과로서 발견된 것이니 자신이 노벨상을 받는 것이 당연하다고 주장했습니다. 하지만 벨은 자신이 이미 박사과정생으로서 충분히 독자적인 연구 프로젝트를 설계할 수 있고, 실제 발견의 의미도 본인이 충분히 숙지한 상태에서 이루어져 자신의 업적이라고 주장했습니다. 많은 논쟁을 낳았지만 결국 노벨상은 지도교수가 수상했습니다. 이미 학자가 학계에서 점하고 있는 위치 자체도 노벨상 수상에 영향을 주는 것입니다.

반대로 펜지어스와 윌슨처럼 어이없게 받은 사례도 있습니다. 우주 배경복사 발견으로 받았는데, 본인들이 그것을 찾고 있던 중도 아니었고 본인들이 찾은 것이 무엇인지도 몰랐는데 남들이 알려줬지요. 그런데도 그들은 노벨상을 수상했습니다.

노벨상 수상에도 어이없어 보이는 사례들은 많이 있습니다. (웃음)

과학적 업적을 위해 자신의 인생을 바치는 것과
보다 행복한 개인적 삶을 위해 노력하는 것 중
어느 것이 더 가치가 있을까요?

이런 것을 선택하는 것을 가치관이라고 합니다. 전자는 존경
할 만하고 후자를 택한다고 비난할 필요는 없는 것이 확실한 듯
한데 답으로 부족할까요? (웃음)

덧붙이는 글 ───────

사실 학생들도 뚜렷한 답이 없을 줄 알면서 물어보는 질문들이 있다. 그러고 보니
이런 경우 '어른들은 어떻게 대답을 할까?' '어떤 식으로 생각할까?' 같은 것들이
궁금한 듯하다. 막상 이런 유형의 대화를 나눠본 적이 없어서.

흔히 아인슈타인 이후에는 천재들의 시대가 끝 났다고 합니다. 실제로도 현재는 대부분 개인연 구가 아닌 팀을 꾸려 연구를 하는데 이는 더 이 상 혼자 연구를 할 수는 없는 것 아닙니까? 상당 한 연구비가 있어야 연구도 가능하고요. 그리고 더 이상 가난한 천재는 나올 수가 없는 것입니 까?

일단 현대에 오면 과학연구의 규모가 거대화되었습니다. 개 인단위로 상을 주는 노벨상이 시대에 뒤처졌다고 말하는 이유 도 여기에 있는 것이고요. 분명히 최근의 중요하고 핵심적인 연 구는 집단연구의 산물이 많습니다.

하지만 잘 살펴보면 여전히 3~4인 단위의 연구도 있고, 개인 단위의 연구도 많이 있습니다. 과학의 거대화는 전반적인 경향 성일 뿐 모든 분야가 그런 것은 결코 아닙니다.

자동차의 시대, 비행기의 시대, 우주시대지만 우리는 여전히 걷고, 기차도 타고 다니지 않습니까? 당연히 혼자 할 연구는 많 이 남아 있고, 특히 고도의 수학이 개입되는 근본적 연구에는 여전히 소수의 천재가 필요하고 많은 업적이 나오고 있습니다.

아인슈타인 같은 전혀 새로운 차원의 철학을 제시하는 연구가 몇십 년간 나오지 않는 것은 맞지만, 본래 그런 연구는 몇십 년이나 몇백 년간 안 나올 수도 있는 겁니다. 아인슈타인 때라고 아인슈타인 같은 사람들이 쏟아져 나온 것은 아니지 않습니까? 그러니 현재를 천재가 없는 시대라고까지 봐야 할 것은 아닌 것 같습니다. 천재는 본래 잘 나타나지 않는 법입니다.

현대과학기술 시스템의 문제는 분명히 있겠지만, 후원체계 등은 오히려 과거에 비해 발전해 있습니다. '규모가 커져 천재가 나올 수 없다'라고 보는 것은 너무 과장된 측면으로 보입니다.

Q

저는 과학적이고 논리적인 설명을 중요하게 생각하고 다른 사람들에게도 꼼꼼하고 분석적으로 이야기하려고 합니다. 과학을 태어나면서부터 당연하게 생각해서 과학이 인정하지 않는 것들을 저도 당연히 인정하지 않습니다. 딱히 그것이 틀렸다는 증명을 본 것도 아닌데 인정하지 않고 있습니다. 저는 (과학이라는) 미신을 믿고 있는 것 아닌가요? 그리고, 앞으로 정말 과학자나 학자의 길을 걷고 싶다면, 당연한 것들, 당연히 틀린 것으로 보이는 것들도 다 과학적으로 증명해봐야 하나요?

혹시 질문한 학생은 부모님이 자신을 사랑하시는 것을 인정하지 않습니까? 과학이 인정한 적 없으니 말입니다. 우리는 많은 과학적으로 증명된 바 없는 것을 '믿고' 삽니다. 즉 질문자도 정도의 문제이지 과학이 인정하지 않은 것들도 이미 인정하고 산다는 것입니다. 그리고 그 자체가 잘못된 것은 아닙니다.

자신의 인생은 유한하니 내가 모든 것을 증명할 수는 당연히 없습니다. 우선 내가 증명할 그 부분이 무엇일까를 정확히 알아야겠지요. 아인슈타인은 그것을 알았던 사람입니다. 그것이 해당분야의 전문가인 것이고요.

그리고 내가 보기에 가장 인문학적인 것은 과학적일 거라고 생각합니다. 멋진 글은 고도로 합리적이고, 지극히 수학적인 선율이 아름다운 음악을 만들어냅니다.

시를 읽으며 감탄할 때 그 시어의 정확성과 운율이 주는 감동이 아닙니까? 그것이 과학적인 것 아닌가요? 계속 말하지만 자꾸만 인문학과 과학을 선으로 긋듯 나누지 마십시오. 과연 글을 못 쓰는 과학자가 있을까요? 훌륭한 논문은 결국 잘 쓴 글 아닌가요?

그러니 어쩌면 사소한 차이일 뿐 인문학적 소양이란 것이 특별하게 따로 있을 리 없습니다. 어느 정도의 경향성의 문제를 자꾸만 확대해석할 필요 없습니다.

그리고 '저는 미신을 믿고 있는 것 아닌가요?'라는 질문 자체에서 질문자의 성찰적 태도는 이미 확인됩니다. 그러니 문제가 될 정도의 '과학만능 우상숭배자'는 결코 아닐 것 같네요.

Q

대체 왜 우리가 읽었던 과학위인전들은 실제와
다른 걸까요?

아동용이니까요. 단순화하면 언제나 왜곡되게 마련입니다.
'장발장은 빵을 훔쳤다. 어떻게 해야 하나?'라는 질문에 초등학
생들의 보통 '벌을 받아야 된다'라는 답으로 끝납니다.

하지만 사춘기가 넘어가면 다른 복잡한 답들을 하게 되죠. 그
러니 어린이용 책은 언제나 단순하게 정리될 수밖에 없는 겁니
다. 실제 초등생 때 『레미제라블』의 전체 내용을 읽어본 사람
있나요? 깊게 들어가면 시민혁명과 사회적 부조리에 대한 복잡
한 내용이지만 대부분 미리엘 주교에게 은촛대 받고 감화된 얘
기 정도만 읽지 않습니까? 그 자체가 잘못된 것은 아닙니다. 문
제는 어른이 되면 제대로 된 『레미제라블』을 읽어볼 필요가 있
다는 것이지요.

어쩌면 어른이 된다는 것은 세상일에 답을 찾기가 쉽지 않음
을 알아가는 과정입니다. 학문도 그렇고 과학도 그럴 뿐이죠.
그리고 과학은 어렵다는 선입견 때문에 다른 학문에 비해 더더
욱 그런 부분을 알게 될 기회가 적은 것이라고 볼 수 있습니다.

아리스토텔레스의 천동설을 배우고 나니 드는 생각입니다. 아리스토텔레스는 학문에서 관찰과 귀납을 중시했으면서도 왜 주변에서 거의 찾아볼 수도 없는 원과 구 같은 기하학적 형태에 집착했을까요?

먼저 '거의 찾아볼 수도 없는 원과 구'라고 했는데 과연 그럴까요? 주변 자연세계에서 원과 구는 정말 거의 찾아볼 수 없는 걸까요? 태양도 달도 별들도 모두 구형인데요? 지구도 분명히 구형체고 심지어 밤하늘 별들은 분명히 북극성 중심하고 원운동하지 않나요? '거의 찾아볼 수도 없는 원과 구'라는 생각을 하게 된 것은 언제부터인가 우리가 하늘을 쳐다보지 않게 되어서가 아닐까 싶습니다.

아리스토텔레스가 살던 세상에서 하늘은 아주 익숙한 주변세계였을 겁니다. 사람들은 밤마다 하늘과 별을 바라봤을 겁니다. 별들이 지금보다 심리적으로 훨씬 가까웠겠지요. 그리고 실제 혼란스럽고 예측이 불가능한 지상세계와 달리 정말 태양과 달과 별들이 있는 천상세계는 복잡하지 않고 기하학적으로 예

"아리스토텔레스가 살던 세상에서 하늘은 아주 익숙한 주변세계였을 겁니다. 사람들은 밤마다 하늘과 별을 바라봤을 겁니다."

측가능하지 않나요? 그리고 그 깔끔한 수학적 단순성과 영원성이 추구할 만한 가치로 보이지 않나요? 그럼에도 가볼 수 없는 세계니 더 애틋하지 않았을까요? 답이 되었을 것 같네요.(웃음)

아인슈타인뿐만 아니라 보고서를 준비하면서 찾은 과학자들 중에서도 유대인은 눈에 띄게 많은 것 같습니다. 과학자들 중 유대인들이 많은 특별한 이유가 있을까요? 학구열이 높은 분위기 때문인가요?

기본적으로 적절한 판단입니다. 아무래도 유대인 특유의 교육방식과 그들이 처한 사회 환경이 과학자를 비롯한 전문직업인이 되어가도록 영향을 미쳤다고 볼 수 있습니다. 로마제국 시기 이래 유대인들이 나라 없이 차별받는 민족이었고, 대부분의 경우 집성촌을 이루며 살면서, 토지소유가 금지되었습니다. 그러니 당연히 금융업에 종사하며 많은 돈을 만지게 되었습니다. 세익스피어의 희곡 『베니스의 상인』에 나오는 악덕 금융업자가 유대인 샤일록으로 설정되어 있는 것만 봐도 그 당시 유럽인들에게 유대인들이 어떤 형태로 받아들여졌는지 쉽게 알 수 있습니다. 이렇게 부를 축적한 후 근대 이후 상황이 나아지자, 사회적으로 대접받을 수 있는 전문 직업군에 주로 진출하게 됩니다. 나치에 의해 핍박받기 직전 독일의 유대인들은 전 인구의 3%

정도를 차지했었지만, 의사, 판사, 변호사, 교수, 학자, 예술인의 15% 정도를 점하고 있었습니다. 의사나 학자 7명당 한 명은 유대인이었다는 얘기지요. 그러니 과학자들 중에서도 유대인이 많이 등장하는 것은 당연하다고 볼 수 있습니다. 이런 상황이니 1930년대 초의 많은 독일인들은 독일에서 이민족인 유대인들이 독일인 평균보다 훨씬 좋은 생활수준을 향유하는 상황이 마뜩찮았을 겁니다. 나치 독일은 이런 사회분위기를 이용해서 모든 책임을 전가할 희생양으로 유대인을 설정한 셈입니다.

그리고 오늘날 미국에서 노벨상을 받은 학자의 30% 이상 정도는 유대계라고 합니다. 이 부분은 유대인 특유의 교육열에 더해 그들의 네트워크가 동작하고 있기 때문이기도 하겠지요.

2차 세계대전이 끝났을 때 많은 나치 전범들이 재판을 받고 처벌 받은 줄 알고 있습니다. 2차 대전 종료 후 나치정권의 과학자들은 어떤 처벌을 받았습니까?

사실상 거의 아무도 처벌받지 않았습니다. 정치가나 군인뿐만 아니라 문학가들조차 전범으로 재판받았지만, 과학자가 전범재판을 받은 경우는 손가락으로 꼽을 겁니다. 미국도 소련도 독일과학자들을 교묘하게 자국으로 빼돌렸을 뿐입니다. 미국의 경우는 유명한 '페이퍼클립 작전'이 있었습니다. 뛰어난 역량을 가진 과학자들을 전범재판을 받지 않도록 따로 빼돌리는 작전이었지요. 이 작전에 의해 주요 독일 과학자들은 교묘하게 미국으로 이동했습니다. 그리고 대부분 전시 연구활동에 대해 면죄부를 받았고 미국정부를 위해 일했습니다. 아폴로 계획을 성공시킨 폰 브라운 박사 같은 경우는 대표적이라고 할 수 있습니다.

그리고 아우슈비츠의 생체실험으로 악명 높은 죽음의 천사 멩겔레도 끝까지 잡히지 않았습니다. 못 잡는지 안 잡는지 잡음이 끊이지 않았었고요. 모두 과학자를 '자원'으로 바라보기 때문입니다. 독일뿐만 아니라 끔찍한 생체실험을 자행했던 일본의 731부대원들도 역시 처벌 받지 않았습니다. 자신들이 축적한 생체실험 데이터들을 연합국에 넘기는 조건이었던 것으로 보입니다. 이처럼 전쟁범죄와 관련된 과학자들은 대부분 면죄부를 받았습니다. '과거사 정리'는 과학에서 특히 제대로 이루어지지 못했다고 봐야 할 겁니다.

과학자들 말고도 강력한 열망을 가진 사람들은 많았습니다. 사실 여러분들이 행하는 다양한 학습들이 자신이 열망할 분야를 찾는 과정일 겁니다. 그 열망의 분야와 방향과 강도는 자기 자신만 아는 경우도 있고, 자기도 모르는 경우도 있습니다. 일찍 찾는 사람도 있고 상당한 나이가 들어 자기 재능과 열망을 찾아내는 경우도 있습니다. 우리 인생 전체가 자기 스타일을 확인하는 과정이라고 볼 수도 있겠지요.

어떤 이들은 자신의 열망과 자신의 직업이 일치하지 않고도 많은 일을 해내기도 했습니다. 라브와지에도 화학혁명의 아버지로 불리지만 직업은 세금징수관이었지요. 그러니 너무 조급해할 필요까지는 없겠으나, 자신의 열망의 정도와 대상 분야를 찾아내는 기본적인 방법은 정해져 있다고 봅니다. 어떤 작업에서 희열을 느끼는 경험을 해 보는 것, 그리고 자신의 지능력의 한계치를 확인할 수 있을 정도로 몰입하는 경험을 해보는 것입니다. 분명히 그 이후에는 세상과 일을 대하는 방법이 달라질 겁니다.

과학사를
바라보는 시선

3

- 과학과 종교가 충돌한 사건들이 무엇이 있었나요?
- 우주가 창조되었다고 보시나요? 아니면 빅뱅이론처럼 우연에 의해 만들어졌다고 보시는지요?
- 과학혁명기 성직자들이 신학과 자연철학 모두에 탐닉할 수 있었던 이유는 무엇인가요?
- 우리에게도 근대 이전 시기에 뛰어난 기술들이 분명이 존재했었는데, 왜 서서히 밀려났을까요?
- 과학혁명이 일어날 때 동양의 과학은 어떤 상황이었나요?
- 만약 실제로 옳시 잃지만 현상을 잘 설명하는 이론이 있다면 이것을 선택할지 버릴지는 어떤 가
  치를 기준으로 판단해야 할까요?
- 많은 학자들이 수학적 탐미성을 추구하게 된 역사적 배경은 무엇인지요?
- 만약 자녀의 유전자를 위험부담 없이 바꿀 수 있다면 교수님은 우수한 유전자를 선택하실 건가요?
- 불확정성 원리가 원자 내부에만 국한된 것인지 우주나 인간의 삶에도 적용되는 것인지요?

코페르니쿠스가 자신의 이론이 이단으로 몰릴
까봐 죽을 때가 되어서야 책을 내놓았다고 하는
데 이처럼 종교와 과학이 충돌한 사건들이 무엇
이 있는지 궁금합니다.

먼저 '무엇과 무엇이 충돌한다'라는 표현 자체가 상징적 표현
인지 실제 사실을 언급한 것인지부터 구분해야 합니다. '승용차
와 버스가 충돌했다'라는 표현과 '정치와 경제가 충돌했다'라는
표현은 전혀 다른 것입니다. 내가 보기에 '정치와 경제가 충돌
한다' 같은 표현은 오해를 불러일으키기 쉬운 이상한 표현입니
다. 정치가들이 정치적 이해관계 때문에 경제적 실익을 포기하
는 경우 같은 것을 말하는 것 아닙니까? 만약 경제에 문제가 생
기도록 정치를 한다면 그냥 그 정치가들이 정치를 잘못한 겁니
다. 그 정치가를 교체해야 합니다.

만약 종교인이 필요 없는 간섭을 한다면 그것은 과학과 종교
간 충돌이나 종교의 잘못이라는 표현보다는 '해당 종교인의 무
지와 폭력'이라고 표현해야 적절할 듯 생각됩니다. 그래서 내가
보기에는 과학과 종교가 충돌한다는 표현이 오해를 불러올 수

있다고 생각합니다. 그것은 애초에 과학과 종교는 '바뀔 수 없고', 그래서 충돌이 불가피하다고 보는 관점을 은연중 내포하고 있는 겁니다. 사실 종교와 종교가 충돌하고 과학과 과학이 충돌할 뿐입니다. 그리고 그 충돌들이 건전한 변화를 위한 충돌, 즉 진지한 논쟁 같은 것이 되어야겠지요. 일방적 비난이 아니라요.

덧붙여 코페르니쿠스가 과연 이단으로 몰릴 것을 두려워해서 책을 늦게 출간했는지는 많은 이론의 여지가 있습니다. 가능한 가설 중 하나로 받아들이기 바랍니다. 그리고 비슷한 형태로 대중적으로 잘 알려진 사례가 갈릴레오 재판이나 창조진화 논쟁 같은 것들인데 각각의 문제들도 종교와 과학의 충돌만으로 보기에는 문제가 있습니다. 이 부분들은 내가 짧게 줄여 표현하기에는 무리가 있을 듯합니다. 조금 자세히 자료들을 찾아보면 내 말이 이해가 될 겁니다.

교수님은 우주가 창조되었다고 보시는지 아니면 빅뱅이론처럼 우연에 의해 만들어졌다고 보시는지 아니면 다른 생각이 있으신지 궁금합니다.

이제는 노벨상 수상자를 모셔와도 답하기 쉽지 않은 질문들이 나오는군요. (웃음) 너무 어마어마한 질문이지만 어쨌든 내 입장을 대답하겠습니다.

먼저 '창조'라는 말을 명확히 정의할 필요가 있을 듯이 보이지만, 너무 긴 이야기가 될 것 같아 생략하겠습니다. 물론 맥락상 '신의 창조'를 의미하는 듯한데 마찬가지입니다. '신'을 정의해야 얘기가 진행될 수 있겠지요.

짚고 넘어갈 것은 창조와 빅뱅을 상호배타적인 개념으로 보는 질문의 맥락 같습니다. 창조되었어도 빅뱅일 수 있고 아닐 수도 있고, 창조되지 않았어도 빅뱅일 수 있고 아닐 수도 있겠지요. 일단 빅뱅이론은 '우연을 주장'한 적은 없는 것 같습니다. 우연이란 말의 의미가 '뚜렷한 목적을 사전에 전제하지 않고' 발생한 사건이라는 의미라면 당연히 과학은 그런 것에 대해 특별한 입장 표명을 한 적 없습니다. '어떻게'의 과정을 논하는 데 궁극적 우연과 필연에 관한 논의가 개입될 여지는 없을 듯합니다. 원인에 결과가 따르는 것이 필연입니다. 누구 말처럼 원인을 모르면 우연이고, 알면 필연인 것이겠지요.

신학과 자연철학은 두 학문 간 모순점이 많다고
생각됩니다. 그런데도 과학혁명기 성직자들이
두 학문에 모두 탐닉할 수 있었던 이유가 궁금
합니다.

일단 왜 신학과 자연철학 간 모순이 많다고 생각합니까? 막
연한 생각 아닙니까? 사실은 그런 생각을 하게 되는 이유를 생
각해봐야 합니다. 나는 전혀 그런 생각이 들지 않습니다. 사례
를 들어볼 것이 있을까요? 말 그대로 생각일 뿐 사실과 전혀 부
합하지 않습니다. 자연에 나타난 신의 뜻을 깨우치기 위한 것이
자연철학입니다. 그러니 신학자들이 자연철학에 탐닉하는 것
은 아주 자연스러운 것입니다.

자꾸만 과학과 종교의 충돌사례만 과도하게 부풀려진 현대
의 분위기를 과거에 투영하기 때문에 발생하는 오해들입니다.
무엇보다 오늘날 과학의 영역에 해당하는 많은 것들이 당시에
는 종교의 영역이었다는 것도 고려해야 할 겁니다.

Q

어릴 적 과학을 배울 때 얼핏 들었던 말인데 과학
자들이 깊게 연구하다보면 결국에는 신의 존재
를 인정한다고 들었습니다. 인간의 힘이 아닌 무
언가가 존재해야 한다고 말입니다. 과학사 수업
을 듣다보면 신학과 연관되는 부분이 많은데 과
학사를 오래 접해온 교수님의 개인적인 생각이
궁금합니다.

먼저 과학을 깊게 연구하면 결국 신을 인정하게 된다는 말을
들으면 아마 리처드 도킨스 같은 과학자들은 펄쩍 뛸 겁니다.
'그런 분들도 있다'까지가 정답입니다. 인간의 힘이 아닌 무언
가가 존재해야 한다는 말은 아마도 현재 인간이 과학으로 밝힌
것 이상의 어떤 힘이나 필연적 법칙이 있어야 한다는 말로 들리
는데 그건 당연한 것이겠지요. 그런데 그것을 신이라 부를지 자
연이라 부를지는 분명 선택의 측면이 있는 것 같고 앞으로 과학
에 의해 밝혀져 나가겠지요. '현재 모르는 것이 있으니 신은 존
재한다'라는 말이라면 분명히 비논리적 문장입니다. 그리고 이
런 식의 설명은 오히려 종교계를 크게 취약하게 만드는 태도가

될 것이고요.

그러니 계속 반복하게 되는 답이지만 이런 유형의 질문은 먼저 신을 정의해주어야 대답할 수 있습니다. 내가 보기에는 똑같은 교회나 모스크에서 기도하는 사람들도 각자의 머릿속에 서로 다른 신을 그리며 기도하는 것 같습니다. 그러니 신이 무엇을 원하는지에 대해 사람들마다 해석이 분분한 것이 아니겠습니까?

신을 '우리를 존재하게 한 원인'으로 정의한다면 신은 당연히 존재합니다. 원인 없는 결과가 어디 있겠습니까? 문제는 그 신이 '어떤 형태로 어떻게' 존재하는가의 문제라고 봅니다.

즉 무엇을 신이라 부를 것인가의 문제입니다. 실제로 언제나 그것이 이런 논쟁들의 핵심이라고 생각합니다. 음……그러고 보니 나는 이미 신은 있다고 답한 건가요? (웃음)

아인슈타인이 어려서부터 신에 대한 믿음이 있
었는지? 아니면 후에 일반상대성이론 등 자신의
연구를 하다보니 이런 이론들의 설명을 위해서
신의 존재가 꼭 필요하다고 생각한 것인지 알고
싶습니다.

　이런 유형의 질문들은 질문 내에 신에 대한 정의가 모호하다
는 생각을 먼저 해볼 필요가 있습니다. 무엇이 신에 대한 믿음
이며, 신은 주사위 놀이를 하지 않는다는 표현이 신에 대한 믿
음이라고 생각하는지 반문하고 싶습니다. 아인슈타인은 명시
적으로 자신이 말한 신 개념은 스피노자의 신 개념이라고 밝힌
바 있습니다. 스피노자는 범신론으로 분류되지요.

지동설 혁명에 대한 수업에서도 느껴지지만 여러 가지 고대 신념이나 종교적인 측면이 과학의 발전과정에 큰 영향을 미쳤는데 과학과 종교는 완전히 독립적인 별개로 봐야 하는지 교수님의 의견을 듣고 싶습니다.

질문 안에 이미 답이 있는 듯합니다. 서로 연관이 있는 이상 '완전히 독립적인 별개'는 이미 아니겠지요. 실제 물어야 하는 것은 언제, 어디서, 어떤 측면에서 어떤 연관이 있는지 물어야 하는 문제라고 봅니다.

먼저 이 질문은 '과학'과 '종교'라는 단어의 의미부터 명확히 하지 않으면, 끝없이 논리의 블랙홀에서 헤어나기 힘든 측면이 있습니다. 일단 여기서는 '한의학은 과학인가?'라는 질문처럼 확장된 과학이나, 우리의 근본가치관이 종교라고 표현하는 광범위한 종교의 의미는 아니라고 보겠습니다.

좁은 의미에서 'science로서의 과학'과 '일정한 집단을 이루어 주기적으로 구성원들이 만나는 종교'라는 협의의 의미로서만 해석해도 답은 쉽지 않습니다.

예를 들어 19세기까지 유럽 과학이 불교 교리와 연관을 주고 받았는지에 대해서는 거의 아니다라는 대답을 할 수 있을 것입니다. 하지만 현대의 '표준적' 과학의 기본 토양이 17세기 유럽에서 정립되었기에 분명 기독교 문화권의 사유가 과학에 큰 영향을 미쳤다고 볼 수 있습니다.

19세기 마이클 패러데이가 전자기장의 아이디어를 떠올리는 과정 중 어느 정도는 그가 샌더맨 교파라는 소수 기독교 종파의 구성원이었기 때문입니다. 현대의 기독교인들이 '땅 속'에 지옥이 있다고 더 이상 믿지 않는 이유는 지동설이라는 과학이론의 영향을 받았기 때문입니다.

이처럼 어느 시대 어느 종교가 어느 과학이론과 영향을 주고 받았는지를 명확히 구분해야 하고 그 연관성은 개별 사안마다 다양하다고 정리할 수 있겠네요. 그리고 사실 세상을 어떻게 바라볼 것인가 하는 개인의 태도 자체가 그의 '종교'인 것이고, 그런 의미에서는 비단 과학뿐 아니라 종교처럼 포괄적이고 직접적 영향을 미치는 것도 없겠지요.

과학 자체가 서양 역사의 흐름 속에서 나온 이데올로기적 변화와 상관있는 독특한 문화적 현상이라는 교수님의 말씀은 이제 어느 정도 이해되었습니다. 하지만 우리에게도 뛰어난 기술들은 근대 이전 시기 분명히 존재하지 않았습니까? 최초의 활자 같은 기술들은 왜 밀려난 것일까요? 그 자랑스러움은 배우면서 왜 밀려났는지에 대해서는 배우지 못해 궁금합니다.

먼저 금속활자 인쇄술의 경우 '밀려났다'는 표현은 이상한 것입니다. 처음부터 서양의 금속활자 인쇄술과의 경쟁기술이 아닙니다. 목표 자체가 달랐습니다. 구텐베르크의 금속활자 인쇄술과 직지를 찍어낸 고려의 금속활자는 금속으로 활자를 만들었다는 것 빼고는 전혀 다른 기술입니다. 고려의 금속활자는 대량생산을 염두에 둔 것이 아닙니다. 대부분의 경우 목판인쇄가 힘들어 궁여지책으로 사용한 보조적 기술로 보여집니다. 사실 역사적 맥락에서 고려의 자랑스러운 국가적 사업은 팔만대장경을 꼽아야 옳습니다. 목판인쇄술이 시대적 핵심기술이라고 봐야 한다는 말입니다.

사실은 거북선이나 금속활자 같은 것이 이슈가 된 이유를 먼저 알아야 합니다. 직지 같은 금속활자 인쇄술의 중요성은 그 맥락 자체가 구텐베르크의 금속활자 인쇄술로부터 비롯된 것입니다. 시기적으로는 20세기 초엽부터 발생한 논리라고 할 수 있습니다.

구한말과 일제시기 일본은 빠른 근대화를 통해 제국주의 열강이 되는 데 성공했습니다.

그리고 한국을 병합한 뒤 자신들의 지배를 정당화하기 위해 우리가 서구의 과학기술을 제대로 배우지도 갖추지도 못한 못난 민족임을 강조하기 시작했지요.

따라서 민족사학자들은 우리가 '전통적으로' 충분히 서구와 대등한 과학기술을 갖추고 있었음을 보일 필요가 있었던 것입니다.

그래서 '서구가 그 당시 자랑하던 기술'에 대응하는 그 무엇이 우리에게도 있었음을 주장하기 시작한 것입니다.

유럽이 철선을 만들 수 있음을 자랑하고 있으니 거북선을 찾아내고, 구텐베르크 인쇄술을 자랑하니 직지를 찾아낸 것입니다. 필사적으로 일제의 식민사관에 대응논리를 만들어야 했던 당시로서는 필요한 작업이었고요.

하지만 거북선을 서양보다 앞선 철선이라고 말하는 경우가 있는데 거북선은 분명히 나무로 만든 목선이고 갑판에 철갑을 둘렀을 뿐입니다. 사실관계에서 19세기의 서양의 철선과 비교될 수 없습니다. 비교될 필요도 없고요. 거북선은 16세기 기술이고 당대의 뛰어난 기술입니다. 그건 사실 조선 수군의 판옥선만으로도 충분히 뛰어난 기술이었다고 할 수 있습니다. 그것이면 충분합니다. 19세기의 기술과 비교해야 할 아무런 이유가 없습니다.

금속활자도 마찬가집니다. 고려의 직지를 만든 금속활자가 대량인쇄를 목표로 해야 할 이유도 없고 따라서 훨씬 뒤에 나온 구텐베르크의 인쇄술과 비교될 이유도 없습니다. 애초에 경쟁 기술이 아니라 그냥 다른 기술입니다. 먼저 나왔다고 더 자랑해야 할 기술도 아니며, 대량인쇄가 아니었다고 더 열등한 기술도 아니라는 말입니다.

비슷한 얘기는 많이 있습니다.

고려청자 같은 훌륭한 기술을 만들어놓고도 기술을 천시해서 청자기술의 대가 끊겼다는 식의 얘기도 그중 하나입니다. 이 말은 일제가 많이 퍼뜨린 논리입니다. 자신들은 기술을 중시하는 올바른 가치관을 가지고 있었던 훌륭한 문화민족이었으니 너희들을 지배할 만하다는 주장이 숨어 있는 것이지요.

너무나 쉬운 반론을 해보겠습니다. 장인의 지위가 높았던 전통 문화권은 본래 없습니다. 고려 시절이라면 서양은 중세입니다. 그때 서양은 정말 장인과 기술을 우리보다 우대했을까요?

또 역사 속 수많은 기술들이 사라졌습니다. 이것은 오랜 역사를 놓고 볼 때 어쩌면 당연합니다. 고려의 청자기술은 중국과 일본은 같은 시기 아예 가지지도 못했습니다. 임진왜란에서 납치한 도공들을 통해 조선의 백자기술은 일본에 전수되었지요. 현대까지 조선과 일본의 백자기술은 잘 전수되어왔습니다. 사실 차이가 없는 것입니다. 400년 전 백자기술은 일본과 조선 모두 잘 전수되었고, 1000년 전의 청자기술은 고려만 가지고 있었고, 실전되었습니다. 이것이 어떻게 고려와 조선이 기술을 더 천시한 증거가 될 수 있습니까?

이런 논리들은 우리 스스로를 자립심이 없다고 믿도록 만들기 위해 일제에 의해 교묘히 정착된 식민사관의 하나일 뿐입니다. 그 논리에 의하면 뭔가 옛날에 잘했던 것이 있으면 언제나 현재의 우리는 더 못난 사람이 될 뿐입니다. 피라미드 만드는 기술이 실전되었으니 이집트 사람들은 더 못난 것입니까? 피라미드 자체를 못 만들었던 사람들보다요? 기묘하고 황당한 논리지요. 속지 마십시오. 올바로 생각하는 것은 결코 쉽지 않습니다. 그래서 우리는 역사를 배우는 것입니다.

거북선, 직지, 고려청자 모두 훌륭한 기술입니다. 하지만 그것이 유럽보다 뛰어났다거나, 못했다거나, 밀려났다거나 하는 말은 의미가 없습니다. 또 오늘날까지 그 기술들이 남아 있을 수도 있고, 그렇지 않을 수도 있습니다. 하지만 사라진 기술이 우리의 어리석음의 증거는 될 수 없습니다. 이런 부분은 우리 문화의 우수성이나 열등함을 보여주는 어떠한 맥락과도 연결될 수 없습니다. 의미 없는 비교를 그만두고 우리 역사의 맥락 속에서 아름다운 스토리들로 이해할 수 있기 바랍니다.

달리기는 치타가 빠르고, 키는 기린이 큽니다. 헤엄은 고래가 잘 치고, 독수리는 하늘을 날 수 있습니다. 이야기의 맥락이 '기린보다 빨리 달리는 우월한 치타'나 '고래처럼 헤엄도 못 치는 바보 같은 독수리' 같은 것이 되고 있는 것은 아닐까 되돌아보기 바랍니다. 적당한 답이 되었을까요?

과학혁명이 동양이 아니라 서양에서 발생한 이
유는 무엇입니까?

그냥 서양에서 과학혁명이 발생한 이유를 물으면 됩니다. (웃음) 옆집에서 불이 났을 때 '우리 집에는 불이 왜 안 났을까요?'라고 묻는다면 이상한 질문이 될 겁니다. 그 질문은 필연적으로 우리 집에 불이 날 만한 이유가 있었을 때만 묻는 겁니다. 동양에 필연적으로 과학혁명이 있어야만 할까요? 옆집에 불이 난 이유만 물으면 충분한 것처럼 과학혁명이 왜 서양에서 발생했는지를 묻는 것으로 충분합니다.

Q

동양에서는 서양 같은 과학혁명이 없었나요?

예. (웃음) 역시 앞의 질문과 맥락이 같아 보입니다.

Q

15세기에 유럽에 활자 인쇄술이 등장함으로써 서양세계는 정보혁명의 시대로 불릴 정도로 지식의 팽창이 일어났습니다. 그에 비해 동양에서는 인쇄술이 존재하였는데도 그런 정보혁명이 없었던 이유가 무엇입니까?

왜 같은 기술이 존재한다면 똑같은 결과가 예측되어야 하는가부터가 질문되어야 합니다. 또한 이 질문은 두 가지 기술 자체가 전혀 다른 기술임을 간과하고 있습니다. 사실 직지와 구텐베르크 인쇄술은 금속으로 활자를 만들었다는 측면을 빼고는 거의 공통점이 없는 기술입니다. 구텐베르크의 금속활자 인쇄술은 처음부터 대량생산을 염두에 둔 기술입니다. 하지만 직지는 아마도 목판의 부족으로 활자를 만들었을 것으로 보입니다. 목표도 다르고 형태도 전혀 다른 기술입니다.

그리고 정보혁명이란 것이 있었다면 동양도 있었습니다. 목판인쇄술의 활발한 보급 이후 많은 서적들이 나타납니다. 그리고 그것은 당연히 동양적 고전들이고요. 동양고전이라는 지식의 팽창이 일어났지요.

이런 식의 질문들은 은연중 현대 문명이 필연적 귀결이라고 전제하는 것입니다. 현대인의 자기중심적 결론이 내재되어 있는 질문이고요. 결국 동양이 '못나서' 좋은 기술을 썩혀버렸다는 식의 결론으로 귀결될 뿐입니다. 우리 안의 일그러진 오리엔탈리즘 중 하나입니다.

과학혁명이 조선에서는 일어나지 못했던 우리 민족의 패인은 무엇이었나요?

이상한 표현입니다. 왜 패배한 것일까요? 축구선수에게 너는 왜 수영을 잘 못 하냐고 묻는 것처럼 이상한 말입니다. 경쟁한 적이 없는데 패했다는 것은 무슨 말일까요?

모두 과학혁명이 반드시 모든 문명권에서 자연스럽게 발생해야 한다는 전제하에 나오는 질문들입니다. 과학의 발생 자체가 매우 독특하고 특이한 문화적 맥락과 상관있음을 모르기 때문에 나오는 질문이라고 할 수 있습니다.

서양과학이 동양을 앞지를 수 있었던 것은 무엇 때문일까요?

계속 언급하지만 '동양을 앞질렀다' 같은 표현은 뭔가 이상한 것입니다. 박태환에게 너는 왜 김연아보다 스케이트를 못 타냐고 묻는 듯합니다. 과학의 발전은 당연한 목표로 설정되어 있는 것이 아닙니다. 과학 그 자체가 서양에서 시작한 하나의 이데올로기적 지향점이라는 사실을 염두에 둘 필요가 있습니다.

덧붙이는 글

사실 이런 질문들은 어릴 때 많이 듣는 얘기처럼 '고구려가 삼국통일을 했었다면 우리나라가 더 컸을 텐데' 같은 우스꽝스런 얘기와 같다. 그것은 우리나라가 커지는 게 아니라 그냥 우리나라와 우리가 없는 것이다. 과거 사건의 '잘함'과 '못함'을 현재의 맥락에서 판단하려는 시도는 유치하거나 아무 의미가 없는 것일 수 있다는 것을 이해할 필요가 있다.

Q

과학혁명이 일어날 때 동양의 과학은 어땠는지
궁금합니다.

역질문으로 시작하겠습니다. 한의학은 과학인가요? 도교의
연단술은 과학일까요? 이런 질문들에 대한 답에 따라 학생의
질문에 대한 답도 달라질 겁니다. 즉 과학의 범주 정의에 따라
많이 달라질 겁니다. 중국과학사를 연구했던 조지프 니덤의 표
현을 빌리는 것이 적절할 것 같은데, '동양에는 과학들은 있었
지만, 과학은 없었습니다.' 즉 단일하게 체계화된 과학은 당연
히 없었지만, 서양에서 과학활동과 유사한 활동들은 동양의 서
로 다른 문화적 전통 속에 흩어져 있었다는 말입니다.

진보적 연구를 수행하는 과학계가 정작 여성에 대해서는 굉장히 보수적이라는 것을 깨닫고 내심 놀라웠습니다. 19~20세기에 유럽에서는 여성해방운동이 많이 일어났는데 혹시 과학계에서도 이런 페미니즘 시류에 참여한 과학자가 있는지 궁금합니다.

먼저 과학계가 특별히 보수적인 것이라기보다는 그 시대만큼 정도의 여성차별이 있었다고 보면 됩니다. 퀴리부인이나 마이트너는 대단히 특별한 경우였다고 볼 수 있고, 20세기 초는 대학에서 여성을 받아주는 곳도 극소수이던 시절이었습니다. 사실 이런 부분을 공부할 때는 시기를 잘 봐야 합니다. 그리고 이후 여성해방이 진행되는 만큼 과학계에 여성의 진출도 늘어났다고 볼 수 있습니다.

단 과학의 경우 문학 등과는 다르게 오랜 기간 동안 집단적인 커뮤니티 안에서 연구자로서 훈련받는 기간이 필요하게 됩니다. 이런 부분이 특히 여성과학자 수가 적은 이유의 하나가 아닐까 싶습니다. 운동이 일어나고 제도화되고 자연스러운 관행으로 정착하기까지는 오랜 시간이 걸립니다.

예를 들어, 1960년대 미국 남부에서 흑인들은 버스의 뒷좌석에 타야 했습니다. 나는 비정규직이라는 단어를 2000년 전에 들어본 적이 없습니다. 40년 전 한국에서 미니스커트는 경범죄였습니다. 1990년대까지 성매매는 불법이 아니었고요.

그렇게 우리가 아는 세계는 만들어진 지 얼마 되지 않았습니다. 당연히 새로운 것이 나타나면 혼란이 있고 정착 되는데는 시간이 걸릴 겁니다. 문제는 여전히 많이 남아 있지만 나는 최소한 아직까지 우리 사회가 제도상 뒤걸음 쳤다고는 생각하지 않습니다. 문제는 학교에서, 교과서에서 배운 것처럼 아직 사회가 동작하지 않고 있다는 것이지요.

그래서 옛날에 분노할 줄 몰랐던 것들에 대해 이제 화낼 수 있게 된 것입니다. 결국 그 감정이 변화의 동력이 될 것이고 그 동력을 부작용을 최소화하면서 잘 활용해야 한다고 생각합니다.

그리고 패미니즘 시류에 동참했다라기보다 피에르 퀴리, 러더퍼드처럼 여성 연구자들에 호의적인 과학자들은 있었습니다. 하지만 아주 특수한 예외에 해당하고 실제 여성과학자들이 정상적으로 과학에 진출하는 현상은 2차 세계대전 이후로 봐야 할 겁니다.

서양에서 여성의 지위도 동양처럼 오랫동안 낮
았던 원인이 있나요?

질문이 두 가지 측면에서 이상하게 느껴집니다. 하나는 동양
에서는 여성의 지위가 낮은 것이 당연하고 서양은 특별한 이유
를 찾아야 하는 것처럼 보인다는 것이고, 또 하나는 사실 여성의
지위가 왜 높아지게 되었는지를 물어야 할 것 같다는 점입니다.

먼저 이 질문은 다음 질문들과 유사한 형태라는 것을 깨달
아야 합니다. '오랫동안 비행기가 없었던 원인은 무엇인가요?',
'백제 사람들은 왜 컴퓨터를 못 만들었나요?' 같은 질문입니다.
실제 물어야 하는 것은 비행기나 컴퓨터가 어떻게 발명되었느
냐 하는 질문이어야겠지요.

실제 물어야 하는 것과 반대의 질문이 나오게 된 것은 서구가
아주 빠르게, 혹은 전통적으로 평등의 개념을 발전시켰을 것이
라는 생각과 근대화 이후 우리가 가진 자기 비하적 시각이 함께
영향을 미치고 있을 것으로 생각됩니다.

먼저 서구의 '평등사상'이 '오래된 전통'이고 그들의 '본래적

특성'이라고 보는 생각은 크게 잘못된 것입니다.

계급, 성, 인종 차별이 옳지 못한 것이라는 명확한 인식은 19세기에야 가능해졌습니다. 본래 동서양을 막론하고 국가권력은 왕이 가지는 것이었고, 가장만이 법적 권리를 가진 존재였습니다. 가장을 제외하면 나머지 남녀노소는 법적인 권한이 거의 없었다고 볼 수 있습니다. 고대 함무라비 법전에 나오는 '남의 딸을 죽이면 자신의 딸을 죽인다'와 같은 조항을 생각해보면 쉽게 이해할 수 있습니다.

유럽에서 현대적인 인권의 개념이 제대로 태동한 것은 시민혁명 이후 발생하는 사회적 상황과 맞물려 있습니다. 시민혁명 이후, 민중이 왕의 권리를 빼앗았습니다. 시민의 국가권력을 가지게 된 것이지요.

처음에는 당연히 참정권은 백인 중산층 이상 남성만의 것이었습니다. 그리고 돈 있는 남성들에게만 허락되던 권리들이 점차로 모든 남성, 여성, 유색인종 등에게도 확장되어갔고, 이런 서구적 가치를 받아들이며 공화국을 선택했던 국가들도 동일한 길을 걷게 된 겁니다. 이 변화는 불과 200년도 안 되는 짧은 역사를 가지고 있습니다. 몇 가지 예를 들어볼까요.

남북전쟁이 끝난 것이 1865년입니다. 불과 150년 전에 흑인이 노예인 것은 당연한 것이었고, 여성에게 참정권을 주는 것은 말도 안 되는 일로 느껴졌습니다. 미국 흑인들의 경우 1965년까지도 참정권을 얻으려면 시험을 쳐야 했습니다. 백인들은 당연히 가졌던 권리지요.

　미국의 노예해방과 우리의 갑오경장은 불과 30년 차이입니다. 여성 투표권의 경우 미국이 1920년, 영국 1928년, 프랑스는 1946년에 주어졌습니다. 프랑스는 우리보다 불과 2년 전에 여성에게 투표권을 준 것입니다. 1930년대에 죽은 퀴리부인은 죽을 때까지 투표를 못했습니다. 스위스는 1971년에야 여성에게 투표권을 줬으니 우리보다 사반세기나 늦은 겁니다. 현재 생존해 있는 스위스의 나이 많은 할머니들은 자신들에게 투표권이 없던 젊은 시절을 기억하고 있습니다.

　많은 사람들이 은연중 서구의 '전통'이 우리보다 '수백 년' 정도 앞선 것이고, 동양은 본래 서구와 '달라서' 신분과 성별을 차별했다는 식으로 받아들입니다.

　정확히는 동양과 서양 모두 전통적으로 신분과 성별을 차별해왔고, 19세기 이후 짧고 빠른 변화의 시기를 거쳐 오늘날과 같은 상태로 변화해온 것입니다. 물론 현대적 가치의 많은 부분이 서구에서 출발했음을 부인할 수는 없습니다. 하지만 그 변화는 불과 한두 세대 만에 타 문명권에 잘 이식되어졌습니다. 수백 년이 아닌 수십 년 정도의 시간 차이 정도였지요. 역사에서 몇십 년은 아주 짧은 시간입니다. 이 정도면 우리는 서구의 제도를 거의 실시간으로 받아들인 경우라고 해도 과언이 아닙니다.

　어떤가요? 이런 것도 흔히 가지고 있는 시각들이 얼마나 편협한 것인지 깨달을 수 있는 좋은 사례들입니다.

Q

여성과학자들이 현재와 같은 지위와 권위를 얻
게 된 결정적인 계기가 있는지 알고 싶습니다.

앞서의 질문과 연관이 있는 질문이라 함께 대답하겠습니다.
살펴본 것처럼 여성의 지위향상은 극히 최근에 이루어졌고 여
성과학자의 지위상승도 그 큰 변화의 맥락 속에서 이해하는 것
이 적절할 겁니다.

물론 퀴리부인 같은 분들이 있었기 때문에 여성도 과학적 재
능을 발휘할 수 있음을 보여준 것도 중요한 사건일 겁니다. 하
지만 여성과학자들의 지위가 향상된 것은 특별한 사건이 있었
다기보다는 여권신장 자체와 관련되어 있다고 봐야 할 겁니다.

여권신장은 많이 알려진 것처럼 전쟁과 상관있습니다. 1,2차
세계대전 시기 많은 남성들이 징병 당하자 여성들이 산업노동
인력으로 투입되고 경제권을 가질 수 있게 되면서 여권은 많이
신장되었습니다. 대부분의 국가에서 여성에게 투표권을 주는
것이 양차 세계대전을 전후한 시기였다는 측면에서 설득력 있
는 해석이지요. 아이러니하게도 과학의 중요성이 강화되고, 식
민지들이 해방되며, 여권이 신장되는 긍정적 현상들은 모두 잔

혹한 세계대전과 상관있는 셈이지요.

여성이 경제권, 참정권을 가지고 고등교육을 받게 되는 변화는 사실상 모두 20세기에 시작되었습니다. 그러니 여성과학자의 역사도 20세기에 '사실상' 시작되었다고 볼 수 있습니다.

그리고 한 가지 덧붙이자면, 내가 보기엔 '남성과학자'들의 등장도 사실상 20세기라고 봐야 합니다. 왜냐하면, 19세기까지 과학자는 대부분 귀족이나 중산계층 이상의 전문직 집안의 출신들이었습니다. 농담 말처럼 하는 얘기지만, 19세기까지 영국 과학자는 sir, 독일 과학자는 von, 프랑스 과학자는 de가 붙는 경우가 허다합니다. 모두 귀족 출신인 거지요.

패러데이처럼 하층민 출신이 과학자가 된 사례는 손가락으로 꼽습니다. 대부분 우연과 행운이 조합된 결과였고요. 그러니 19세기까지는 남성과학자의 시대가 아니라 '극소수의 백인귀족과 귀족에 준하는 상위 1% 남성과학자'의 시대였을 뿐입니다.

다시 말해 19세기까지 여성 100%와 남성 99%는 과학자는 커녕, 영향력 있는 직업군에 진출할 권리가 아예 없었다고 봐야 한다는 것입니다.

그러니 20세기부터 '여권신장'이라기보다는 '인권신장'의 '아주 짧은 역사'라고 볼 수 있는 것이지요. 그 결과 여성과학자와 남성과학자, 즉 '인간 과학자'의 시대가 온 겁니다. 그것이 우리가 사는 현대사회입니다.

그래서 이런 가치들이 아직 완전히 정착하지 못한 것이고, 우리 시대의 제도가 올바른 전통이 되기까지는 우리의 많은 노력이 덧붙여져야만 하는 것입니다.

아리스토텔레스 철학에 의하면 남성만이 완전한
인간이고 여성이 불완전한 존재였다면, 그래서
여성의 지위가 낮았다면 영국여왕은 어떻게 가
능한가요?

조선에서 여성의 지위가 낮았지만 수렴청정을 하지 않았나
요? 한두 가지 경우로 반례를 만드는 것은 쉬운 일이 아닙니다.
(웃음)

정확히 표현하자면, 아리스토텔레스가 완전한 형상의 인간으
로 본 것은 그리스 시민 남자일 것이고 그것도 병역의무를 다할
수 있는 건강한 육체를 갖춘 철학을 논할 수 있는 인간일 겁니
다. 기타 여성, 어린아이, 노예, 야만인, 장애인은 모두 불완전하
다고 봤겠지요.

여성에게 정치적 권한을 주지 않는 것은 철학적 입장과 상관
있다기보다는 각 민족의 전통과 상관있는 것으로 압니다. 게르
만족이나, 오스만투르크, 몽골처럼 유목민의 전통이 뿌리 깊은
민족에는 여왕이 없지요. 농업 기반의 문명권에는 여왕이 많이
있습니다.

그리고 그 시대의 보편 가치관이 '단일한' 가치관으로 동작할 것이라고 보아서는 안 됩니다. 예를 들어 오늘날 자본주의적 가치관이 표준적 가치관이지만 성매매 특별법 같은 법령은 자본주의적 질서와는 전혀 상관없는 제도라고 할 수 있습니다. 성적 자기 결정권의 개념과도 상관이 없고요. 오히려 자본주의적 질서와 충돌하는 법령들이지만 우리는 이 제도를 받아들이는 데 큰 문제를 느끼지 않습니다. 그 당시에도 아리스토텔레스의 철학적 해석이 단일하게 제도와 문화에 영향을 미치고 있다고 생각해서는 안 됩니다. 단지 강력한 철학적 기반인 것은 분명하겠지요.

만약 실제로 옳지 않지만 현상을 잘 설명하는 이론이 있다면 이것을 선택할지 버릴지는 어떤 가치를 기준으로 판단해야 할까요?

어려운 질문이 나왔습니다. 그리고 물리학과 학생의 질문이네요. 질문자의 학과로 보아 아마도 질문자가 질문 내용과 관련된 사례로 떠올린 것은 이런 경우일 겁니다.

"뉴턴의 만유인력 법칙이 옳은 줄 알고 200년 동안 잘 써왔는데, 20세기 초에 아인슈타인의 일반상대성이론으로 대체되었고 뉴턴의 이론은 틀린 것으로 판명되었으니 이런 경우를 어떤 식으로 바라볼 것인가?" 혹은 "분명히 오늘날 양자역학과 일반상대성이론이 다 사용되고 있지만 두 이론 사이에는 모순이 발생하고 있고 그러니 둘 중 하나는 분명히 틀린 것일 텐데, 이런 상황을 어떻게 받아들여야 하는가?"와 같은 유형의 질문이라고 생각됩니다.

사실 질문에서 '실제로 옳지 않다'와 '현상을 잘 설명한다'는 표현 모두가 논쟁거리가 될 수 있습니다만 어쩌면 현상을 잘 설명하는 만큼 옳은 게 아닐까요? 일단 실용적인 측면에서는 선택한다와 버린다는 결정의 경우도 그 현상을 올바로 예측하는 한 선택할 수 있을 것이고, 더 이상 예측능력을 상실했다면 버리는 것이 옳을 겁니다.

예를 들어 내일 일기예보가 맞았다면 그 일기예보는 옳은 것 아닙니까? 그 예측은 선택할 만한 것이고요.

내 생각으로는 '뉴턴의 만유인력은 틀렸다'라기보다 '맞는 만큼만 옳았다'라는 표현이 적절해 보입니다. 그리고 아인슈타인의 상대성이론은 만유인력이 설명하는 범위를 넘어서서 더 넓은 범주를 설명하는, 즉 더 많은 부분을 올바로 예측하는 이론이라고 표현하는 것이 적절하겠지요. 그러니 뉴턴 역학은 오늘날도 적절히 실용적인 예측을 할 수 있는 분야 즉 우주개발 과정에 잘 사용되고 있습니다. 하지만 훗날 인류가 태양계를 벗어나 엄청난 속도의 시대를 경험한다면 상대성이론이 실용적으로 많이 쓰이게 될 겁니다. 뉴턴 역학의 예측이 틀린 답을 만들어내는 속도의 세계니 만유인력은 그 효용성을 잃게 될 것이고요.

양자역학도 마찬가지입니다. 오늘날 반도체 개발이나 미시세계에 대한 많은 연구에서 양자역학은 충분한 예측 능력을 발휘하고 있습니다. 일반상대성이론은 우주론 분야에서 그 영향력이 압도적입니다. 그렇게 각각을 '선택'해서 잘 사용하고 있습니다. 하지만 블랙홀 내부에서 어떤 일이 발생할 것인지 같은 문제에 대해 양자역학과 상대성이론의 답은 다릅니다. 확인할 길도 현재로서는 없습니다. 그러니 과학자들은 이런 문제에 상대성이론과 양자역학을 적용하는 문제는 신중하거나 포기해야 한다는 것을 잘 알고 있습니다. 즉 이 경우는 어떤 이론을 버려야 할 때임을 나름대로 적절히 추정하고 있는 것이지요.

물론 나중에 우리가 틀린 것으로 생각했던 이론이 일리가 있는 이론으로 다시 수용될 확률도 존재합니다.

그러니 답은 의외로 너무 뻔한 내용이 되어버립니다. '어떤 가치로 선택할지' 함부로 판단하면 안 된다는 겁니다. 끝없는 논쟁과 고민이 필요한 것입니다. 그것이 과학에서 선택과 판단을 하는 방법입니다.

어쩌면 실망스러운 답일 수도 있습니다. 하지만 누군가 "민주주의 사회에서 시위와 파업으로 혼란스럽지 않고, 국회가 여야 간 논쟁으로 시끄럽지 않으려면 어떻게 해야 할까요?"를 질문했다면 내 답은 비슷해질 것 같습니다. 민주주의를 안 하면 됩니다. 다당제를 선택하지 않으면 됩니다.

민주사회의 특징이 이런저런 주장들로 시끄럽다는 겁니다. 다당제 제도하에서 여야는 항상 논쟁해야 합니다. 그것이 정당의 존재이유입니다. 그것을 하지 않을 때 의심해야 합니다. 물론 잘 논쟁하느냐의 문제는 다른 것이지만 논쟁 자체가 없다는 것은 말이 안 됩니다.

과학도 그렇습니다.

쉽게, 빠르게 판단하겠다는 생각이야말로 위험합니다. 그런 것을 실용적이라거나, 소모적 논쟁을 줄이는 방법이라고 생각하는 것이야말로 발전을 가로막는 것입니다. 민주주의와 과학의 발전방식은 매우 유사합니다. 그 고민과 논쟁을 즐길 줄 아는 것이 학문하는 방법이고 진실에 접근하는 방법입니다. 이 '가치'를 기준으로 판단하면 되지 않을까요? (웃음)

코페르니쿠스의 지동설이 나왔을 때, 천문학자들이 천동설과 지동설을 모두 다 사용했다는 것이 잘 이해되지 않습니다. 천동설을 진실로 믿었음에도 지동설이 더 실용적이고 단순해서 학자들이 많이 사용했다고 하셨는데, 그 학자들 입장에서는 자신들이 잘못된 이론을 가지고 계산하니 잘못된 결과가 나올 것이라고 생각하지는 않았나요?

'잘못된 결과'라는 것이 무엇인가요? 잘못된 계산과 잘못된 예측을 의미하는 말이 아닙니까? 여기서 올바른 결과라는 것은 관측결과와 일치하거나 미래적 상황을 잘 예측하는 경우를 말하지 않습니까? 잘 예측되는데 뭐가 문제일까요? 그리고 사실 천동설과 지동설은 수학적으로는 거의 동일합니다. 태양과 지구 중 무엇을 중심에 두느냐의 문제일 뿐인데 다시 말하지만 상대적일 뿐입니다.

"사실 천동설과 지동설은 수학적으로는 거의 동일합니다. 태양과 지구 중 무엇을 중심에 두느냐의 문제일 뿐인데 다시 말하지만 상대적일 뿐입니다."

과학혁명이 수학적 탐미성의 추구와 상관있음을
배웠는데요. 많은 학자들이 수학적 탐미성을 추
구하게 된 역사적 배경이라든지 영향을 줄 만한
주변적 환경 요인이 있습니까?

내가 보기에는 인간의 기본적 특성으로 보입니다. 우리는 모
두 아름다움을 추구합니다. 예를 들어 우리는 모두 아름다운 얼
굴을 좋아합니다. 그런데 아름답다고 느끼는 특징 중에는 얼굴
의 좌우대칭성을 들 수 있습니다. 좌우균형이 심하게 맞지 않으
면 우리는 분명 추하다고 느낍니다.

우리는 음악을 좋아합니다. 아름다운 음악이 무엇인가요? 음
정과 박자가 잘 맞는 음악을 아름답다고 하지 않나요? 모두가
지극히 수학적인 아름다움입니다.

우리는 모두 대단히 수학적이며 탐미적입니다. 일부 과학자
들만 특별한 것이 아닙니다. 단 자연 안의 수학적 미를 알아보
았는지 아닌지의 차이일 뿐입니다. 또한 '우리가 싫어하는 수
학'이라는 것은 사실 수학이 아니라 수학의 특정한 표현법 아닐
까요?

Q

철학자들이 우주의 원리를 연구해왔는데 우주의 시초, 탄생에 대한 개념에 대해 신화적 설명이 아닌 과학적으로 접근하기 시작한 것은 언제인지 궁금합니다.

일단 해당하는 과학이 나와야 과학적으로 접근할 수 있겠지요. 사실 우주의 시작에 대해 과학이 논한 것은 20세기 이후라고 볼 수 있습니다. 역시 극히 최근에 시작된 흐름입니다. 우주 팽창이 관찰되고 빅뱅 우주론 등이 나오면서 우주의 모습이 지금과 달랐을 수 있다는 가정이 시작되었고, 시작을 논할 수 있게 되었다고 볼 수 있을 겁니다. 혹 오늘날 우주론들이 조금은 촌스럽고 유치한 느낌이 있다면 그것은 시작한 지 얼마 되지 않았기 때문일 겁니다. (웃음)

과학사 강의를 들으니 서양과학사를 따라서만 진행되는 것 같습니다. 동양에서 발전한 우리의 과학은 과학이 아니어서 강의에서 빠지거나 제한적으로 설명되는 것인지 궁금합니다.

먼저, 서양과학사, 동양과학사, 한국과학사가 모두 전공으로 존재합니다. 하지만 수식어 없이 '과학사'라고 부른다면 서양과학사를 의미한다고 할 수 있겠지요. 당연한 것이 현대과학의 뿌리가 서양과학사니까요. 우리가 물리, 화학, 생물학 등을 과학으로 배우는데 그것이 서양과학사의 맥락에서 온 것이니까요. 그러니 일단 표준적인 과학사는 서양과학사라고 표현할 수 있겠지요. 그런데 질문에 '우리의 과학'이라는 표현이 있는데, 지금 배우는 과학사가 우리의 과학입니다. 시작이 서양에서 된 것이지 현재 우리가 열심히 연구하고 업적을 내고 있는데 우리의 과학이 아니면 뭐겠습니까?

과학보다는 기술의 측면에서 하나만 예를 들어보면 되겠네요. 현재 한국에 있는 '우리'의 건축물들은 분명 서양건축술이 원조입니다. 그러니 건축사는 서양건축사에서 시작하는 것이 맞겠지요. 전통적인 건축기술이 분명히 있었습니다. 그리고 알다시피 현재 그 건축술은 남아 있습니다. '무형문화재' 분들이 특별한 경우, 즉 문화재를 개보수할 때 사용하십니다. 즉 '우리' 집들을 만드는 데 사용되는 것이 아니라, 말 그대로 '문화재'를 만드는 데 사용되고 있을 뿐이지요. 그렇게 전통과학기술은 극소수 분야만 빼면 사실상 대가 끊겼다고 볼 수 있습니다. 아쉽지만 인정해야 할 사실입니다.

뉴턴은 웬만한 조선시대 사상가들보다 훨씬 큰 영향을 우리에게 미치고 있습니다. 그러니 서양과학사를 배운다 해도 현재 우리의 과학을 이룬 과정, 우리의 과학사를 배운다고 생각해야 한다고 봅니다.

덧붙이는글

좋건 싫건 현대 산업문명은 유럽 과학기술의 확장이다. 더 이상 숭례문 만드는 기술을 100층 빌딩 만드는 데 쓰지 않는다. 그렇기에 동양의 과학기술 전통의 맥은 '한의학' 정도를 제외하면 거의 끊겼다. 하지만 100층 빌딩을 만드는 기술이 '우리 기술'인 것도 사실이다.

아리스토텔레스의 이론에 따르면 지구가 둥글다는 것은 고대부터 알고 있었다는 것인데 왜 신대륙은 15세기에 가서야 발견되었을까요?

몇 가지로 나눠서 대답하겠습니다.

먼저 말해둘 것은 현대 유럽의 역사에서 기억하는 신대륙의 발견이 15세기였던 것뿐입니다. 현재의 아메리카 대륙에는 이미 원주민—인도인도 아닌 사람들을 유럽인들이 자기들 멋대로 인디언이라고 불렀으니 이 말도 우스운 표현입니다만—들이 살고 있었고, 바이킹의 일파들이 콜럼버스 이전에 아메리카 대륙을 탐험했었다는 신빙성 있는 자료들이 있습니다.

질문에 대해서는 역시 역질문을 해보겠습니다. 지구가 둥글다고 받아들일 수 있는 사람이 콜럼버스 시기까지 몇 명이나 될까요? 글을 못 읽는 사람들이 압도적 다수였던 시절이고 천문학과 지리학에 해박한 지식을 갖춘 사람은 더더욱 극소수였던 시절입니다. 그들이 권력과 부를 가진 사람들을 설득했을 때만 신대륙을 찾아 나설 수 있습니다.

또 지구가 둥글다고 믿는다 해서 당연히 서쪽으로 떠날 수 있을까요? 지구가 둥글다고 해서 서쪽으로 가면 바다가 아닌 육지가 있을 것이라는 보장이 있을까요? 분명히 콜럼버스는 인도에 가려고 했지 신대륙을 찾으려 한 것이 아니었습니다. 사실 콜럼버스는 계산착오로 지구가 훨씬 작다고 판단했고, 그래서 무모하게도 서쪽으로 가서 인도에 도달하려는 '헛된' 생각을 품은 겁니다. 지구는 그의 생각보다 훨씬 컸고 마침 '적당한 거리에 우연히도' 신대륙이 있었기에 그들은 살아 돌아올 수 있었던 겁니다. 그러니 지구가 둥글다는 이론이 있다고 해서 모든 이가 그 이론을 아는 것도 아니며, 지구가 둥글다고 믿는다 해도 당연히 서쪽으로 항해할 필요를 자명하게 느낄 리도 없다는 것이 질문에 대한 답이 될 겁니다.

그러니 15세기에 행한 콜럼버스의 항해는 '신대륙'인지, '최초'인지, '발견'인지 모두에 의문을 제기해볼 수 있는 거지요. 그 사건 이후부터 유럽은 새로운 점령지를 통해 거대한 부를 축적할 수 있었다는 사실 때문에 콜럼버스는 중요해지는 것이고요.

수업을 들어보면 지금까지 아인슈타인에 대해
너무 잘못 알고 있었다는 것을 느끼게 됩니다.
불우했다거나, 공부를 못했다거나, 왜 그렇게
사실이 아님에도 불구하고 실제의 사례처럼 널
리 알려진 것들이 많았을까요?

일단 아인슈타인은 유명세를 치르는 것이겠지요. 이름은 모
두가 알고 있는데 막상 그에 대한 정보를 조금이라도 깊게 접근
한 사람은 드문 겁니다. 그러니 여러 과학자들의 이야기가 이리
저리 뒤섞여 버리면서 가공의 아인슈타인이 창조되는 것입니
다. 이건 비단 과학이나 위인전의 문제만이 아니라 사실 세상의
거의 모든 지식이 그렇습니다. 무엇보다 단순화가 문제의 핵심
입니다. 단순화는 결국 왜곡을 낳을 수밖에 없습니다.

모든 지식을 알 수는 없는 것이기에 내가 많은 정보들에 대해
단순한 생각을 가지고 있을 확률은 언제나 높습니다. 그 사실
자체를 인식하고 있는 것이 중요합니다. 그러니 전문가가 필요
한 것이기도 하고요.

예를 들어 우리는 몸이 아프면 병원에 가서 진찰을 받고 의사

의 처방을 신뢰해야 한다고 생각합니다. 즉 의학에 대해 충분히 잘 모른다는 것을 인정하는 것이지요. 많은 사회문화, 나아가 역사적 이야기들에 대해서도 마찬가지 태도를 가질 수 있다면 큰 맥락의 문제는 해결된 것이라고 생각합니다.

덧붙이는 글

의외로 많은 사람들이 상대성이론이 원자폭탄을 만들 수 있는 기반이론으로 알고 있는 경우가 많다. 특수상대성이론은 원자폭탄이 폭발할 때 그 많은 에너지가 무엇으로부터 오는지에 대한 설명을 제공해줄 뿐 원폭과는 거의 무관한 것이다. 아인슈타인이 실제 후회한 것은 미국이 원폭을 개발할 것을 종용하는 편지를 루즈벨트 대통령에게 보낸 것이었다. 아인슈타인과 핵폭탄뿐만 아니라 이휘소와 핵폭탄 같은 왜곡된 전설들도 같은 부류다. 핵폭탄이 똑똑한 한 명의 과학자에 의해 만들어질 수 있는 것도 아니고, 이휘소 박사의 전공과도 상관이 없었음에도 아직도 많은 사람들은 '이휘소 박사가 원폭을 개발하기 위해 국내로 돌아오려고 했고, CIA가 암살했다'는 식의 황당한 전설을 믿고 있다. 심지어 대학생들까지. 우리 속의 과학이 오도된 민족주의에 의해 어떻게 비뚤어질 수 있는지 보여주는 사례다. 그렇게 믿고 싶었을 뿐 사실과 어떤 관계도 없는 정보들일 뿐이다.

유전자 조작의 위험성에 대해 강의해주셨는데 교수님께서는 자녀의 유전자를 위험부담 없이 바꿀 수 있다면 우수한 유전자를 선택하실 건가요?

어려운 이야기입니다. 지금 안 되는 기술이니 난 안 하겠다고 얘기하는 건 아주 쉽습니다. 가까운 시일 내에 책임질 필요가 없으니까요. (웃음) 하지만 정직하게 말해 상황이 구체적으로 닥쳤을 때 내가 어떤 선택을 하게 될지는 알 수 없겠지요. 쉽게 생각해보면 내 아들이 생존에 치명적이거나 명백히 타인들로부터 놀림감이 될 수 있는 특징들을 가질 것으로 보이고 그것을 치료할 수 있는 방법이 있다면 어느 부모라도 그 길을 선택할 것 같습니다.

하지만 문제는 질문 안에 들어 있는 '우수한 유전자'라는 표현입니다. 나는 질문한 학생에게 우수한 유전자를 정의해달라고 반문하고 싶습니다.

스포츠 스타의 유전자는 우수한 겁니까? 아인슈타인의 유전자가 우수한 건가요? 마하트마 간디나 테레사 수녀의 유전자는? 유명 연예인의 유전자는 어떨까요? 또 인류의 발전을 도모할 수 있었던 사람들이 우수한 것인지, 홀로 잘 살아남을 수 있는 사람이 우수한 것인지요? 사람에 대해서도 우수한 사람을 정의하기는 쉽지 않습니다. 하물며 우수한 유전자라니요.

사람들은 우수한 유전자가 뭔지 안다고 생각하고 있습니다. 그게 맹점이지요. 예를 들어 색맹유전자, 혈액형 유전자, 혈우병 유전자 이런 것들은 분명히 존재합니다. 그리고 그 발현을 막을 수 있다면 분명히 좋은 치명적 유전병들이 분명히 존재합니다. 그러니 무작정 이런 기술을 만들면 안 된다거나 하는 식으로 반대하지는 못할 것입니다.

하지만 폭력성 유전자, 십자수를 좋아하는 유전자, 친일파가 되거나 독립운동을 하게 만드는 유전자는 없습니다. 그런 것은 유전자에 기록되어 있는 것이 아닙니다.

자, 몇 가지 물어보겠습니다. 이순신 장군은 폭력적입니까? 많은 사람을 죽였으니 그럴 수도 있겠네요. 마이클 조던은 우수한가요? 오늘날은 그렇겠지만 500년 전에도 우수할까요? 미인의 대명사인 양귀비의 초상으로 볼 때 오늘날 비만으로 분류될 체형이었습니다. 양귀비는 미인일까요? 김연아가 우수한 것인지, 박지성이 우수한 것인지요?

무슨 얘기를 하는 것인지 알 것입니다. 우수하다는 의미가 시대별, 지역별, 상황별로 모두 바뀔 수 있습니다. '우수하다'는 것은 이미 과학적 표현이 아닙니다. 과학의 범주를 넘어선 지극히 사회문화적 표현이라는 것을 명심하기 바랍니다. 과학은 내 키와 몸무게가 얼마인지, 내 혈액형이 무엇인지 정확히 알려줍니다. 하지만 과학은 우수함이 무엇인지 정의해주지 않습니다. 그러니 그것을 과학에게 답하라고 말해서는 안 되는 것입니다.

지동설의 등장이 대중의 과학에 대한 인식과 실제 사람들의 생활에 그 발견들이 어떤 영향을 미쳤는지 궁금합니다.

콜럼버스의 신대륙 발견의 예를 생각해봅시다. 당시 많은 이들이 지구구형설을 믿고 있었겠죠? 하지만 선원들 다수는 결국 낭떠러지에 떨어질 것이라는 두려움을 가지고 있었습니다. 모순되는 것이 아닙니다. 사실 유럽인 절대 다수는 지구설은 커녕 글자도 읽을 수 없는 사람들이었습니다.

일단 대중을 정의할 필요가 있는데 질문자가 생각하는 수준의 대중, 즉 상식을 웬만큼 갖추고 글을 읽고 쓸 수 있는 사람은 당시 1% 미만이었을 것으로 봐야 할 겁니다. 즉 천동설-지동설 논쟁은 1% 미만의 사람들만 관심을 가지고 있는 논쟁인 것이지요.

하지만 그것이면 충분합니다. 그들이 합의하면 세상은 그렇게 바뀝니다. 사실 그건 현대도 마찬가지입니다. 현재까지 달에 간 사람은 몇 명되지 않지만, 우리는 현대를 우주시대라 부르지 않습니까?

19세기 의무교육 시대 이후 문자해득률이 80~90%에 이른 뒤에야 학생이 질문한 '대중'이 나타났다고 할 수 있습니다. 대중의 과학에 대한 인식은 그 이후에야 제대로 얘기할 수 있겠지요.

Q

불확정성 원리가 원자 내부에만 국한된 것인지 우주나 인간의 삶에도 적용되는 얘기인지 궁금합니다.

잘못 대답하면 오해만 불러일으킬 수 있는 질문이 나왔습니다. 일단 정확히 표현하면 불확정성 원리는 입자의 위치와 운동량이 일정한 범위 내에서 확률적 오차를 가져 불확실하다는 것이고 이를 양면적인 확률적 대상으로 풀이한 것입니다.

보어*는 결국 자연 자체가 근본적으로 확률적이라는 상보성 원리의 철학적 해석을 내놓은 것이고요. 보어는 이 해석을 우주나 인간의 삶에도 확장했습니다. 그러나 모두가 어느 정도의 합의를 이룬 부분은 물리적 영역일 뿐이고, 현실적으로 유의미한 영역은 미시세계라고 할 수 있겠지요. 거시세계에도 적용되지만 그 결과는 우리가 고전적인 해석을 내릴 때와 별다르지 않기 때문입니다. 여기까지가 '보편적으로 합의된' 결론입니다.

---

* 닐스 보어(Niels Bohr, 1885~1962): 양자역학의 아버지로 불리는 덴마크의 과학자. 양자역학의 핵심적 해석인 상보성 원리를 제창했다.

동양에 비해 서양이 유난히 자연이나 우주에 관심이 많았던 이유는 무엇입니까?

일단, 분명히 종교적 영향이 있습니다. 유일신관에 기반한 문명이라면 신이 단일한 원칙 하에 자연세계를 창조했을 것이라는 암묵적 가정을 가지게 될 겁니다. 그러니 삼라만상의 다양성 속에서 통일성 있는 법칙의 발견을 추구하게 되는 것이고 그것이 신의 뜻을 알아가는 과정으로 당위성을 부여받기가 쉽겠지요.

그리고 또 하나는 분명 그리스 문명이 수학적이고 물질적인 자연법칙을 알고자 시도했던 독특한 문명이라는 것입니다.

근대 초 그리스적 전통과 기독교적 전통의 재융합 과정에서 과학이 탄생한 것이라고 봐도 과언은 아닙니다. 물론 그게 다는 아니겠지만. (웃음)

Q

15~16세기에 학술적 비판과 지적 피드백 시스템이 강화되면서 과학지식의 발전이 있었다고 배웠는데, 과학혁명이 발생한 시기는 종교개혁 시기와 겹치는데 어떻게 비판과 지적 피드백 시스템이 오히려 강화될 수 있었나요?

특히 신구교간 대립이 극심해서 전 유럽에 종교재판과 마녀사냥이 자행되고 있었는데, 과연 이런 사회에서 공개적이고, 객관적이고, 생산적인 비판과 피드백이 가능했나요?

두 가지로 대답 가능할 것 같습니다.

먼저 우리 사회는 공개적이고, 객관적이고, 생산적인 비판과 피드백이 가능한가요? 특정한 사안들에 대해서 자신의 입장을 밝히면 심한 악성댓글에 시달리거나 법적인 처벌을 받을까봐 입장공개를 꺼리는 경우는 여전히 많이 있지 않나요?

사실 권력은 언제나 사상통제를 원합니다. 하지만 제대로 실행된 것은 19~20세기의 일이라고 봐야 할 겁니다. 국민국가의 시대 이후 국가주의나 민주주의 등 이념의 개입 하에 자행된 훨

썬 끔찍한 사상탄압과 여론 유도가 가능했었다는 것을 상기해야 할 겁니다. 병영문화가 공장과 학교에 도입되면서 사회 통제는 강화되었다고도 볼 수 있습니다. 의무교육의 이름 하에 이루어진 국가 단위의 사상통제는 현대에 훨씬 강화된 측면이 있습니다. 중세까지는 그것을 원해도 쉽지가 않았다는 것이지요. 현대사회는 어떤 부분은 자유로워졌지만 어떤 부분은 오히려 분명히 더 통제가 강화되었습니다. 그리고 종교재판과 마녀사냥은 분명히 계몽사상가들에 의해 과장된 측면이 강하고요. 학살이라면 프랑스 대혁명 이후 국가권력에 의해 더 많이 이루어졌습니다. 마녀로 몰려 억울하게 죽은 사람 수보다는 단두대에서 억울하게 죽은 사람이 몇십 배 이상 많을 겁니다.

종교적 탄압으로 제대로 된 비판이 이루어지지 않은 경우를 분명 찾을 수 있겠지만 그렇다고 그것이 학술적 비판과 지적 피드백 시스템의 성립이 불가능했다고 생각할 필요는 없습니다. 탄압은 언제나 있지만 그 와중에도 비판은 계속 되고 조금씩이나마 바뀌어 나가는 것이지요. 그러니 변화가 느렸을 뿐 분명히 가능은 했습니다.

지동설이 완전히 받아들여지기까지는 많은 반대가 있었습니다. 아인슈타인의 상대성이론이 처음 나왔을 때도 지동설에 비교할 수 있을 듯한데, 상대성이론에 대해서 다른 반발들은 없었는지 궁금합니다.

당연히 있었습니다. 특히 나치는 상대성이론과 양자역학을 유대과학이라고 부르며 격렬하게 반대했습니다. 레나르트나 슈타르크 같은 친나치 과학자들이 그 선두에 섰습니다. 『아인슈타인을 반대한 100명의 과학자들』이라는 책도 나왔었습니다. 책 출간 소식을 듣고 아인슈타인은 "내가 틀렸다면 한 명이면 족했을 걸"이라는 말을 남겼지요. 후일 나치 집권 시기에 상대성이론은 독일에서 금기였습니다.

하지만 딱 그 정도까지 입니다. 사실 뉴턴도 아인슈타인도 큰 반대 없이 상황을 평정한 경우라고 할 수 있습니다. 왜냐하면 둘 다 논란의 단계라기보다는 정리의 단계였기 때문입니다. 분명히 대안이 필요한 상황이라고 대부분의 핵심 학자들이 느끼고 있는 시점이었고 안성맞춤인 이론을 제시했으니 빠르게 받아들일 수 있는 것입니다.

우스개로 비유하자면 그들은 학계가 이미 심하게 가려운 상황에서 정확히 그곳을 찾아 긁어준 겁니다. 갈릴레오는 아직 안 가려운데도 막 긁었던 셈이지요. 그래서 재판받고 호되게 당한 셈입니다. (웃음)

Q

환경결정론에 따르면 어떤 유전자의 유무에 상관없이 인간의 능력은 환경의 영향을 받는 것으로 알고 있습니다. 하지만 환경의 변화에 따라 특정한 유전자가 발현되거나 변화되면서 인간이 진화했다면 궁극적으로는 유전자 결정론이 맞는 것 같습니다. 인간의 진화에 관련한 현대과학의 주된 입장이 어느 쪽인지 알고 싶습니다.

먼저 질문에서 '유전자 결정론'과 '환경 결정론'이라는 표현을 썼는데 정확히는 어느 누구도 '결정'한다고 표현하지 않습니다. '영향을 받는다'고 할 뿐입니다. 일란성 쌍둥이도 다르게 살아가니 당연히 환경은 변인이고, 그렇다고 내가 흑인을 아들로 낳을 일은 없으니 당연히 유전자도 변인입니다. 그걸 모르는 생명과학자는 어디에도 없습니다. 그 사실을 모르는 대중만 있을 뿐입니다. 그러니 남이 봐서 '결정론자'가 있을 뿐이지요. 사실 그 결정론이라는 것은 '강조점을 어디에 두느냐'의 이야기일 뿐입니다. 즉 현대과학에서 논쟁이 있다면 환경과 유전자의 영향이 '어느 정도'냐의 논쟁이 있을 뿐입니다. 답이 되었을까요.

Q

이번 학기 들어 나치에 대해 몇 과목에서 번갈아 수업을 들었는데, 나치에 의한 학문과 예술 전 분야에서 출혈이 어마어마한 수준임을 알고 놀랐습니다. 그런데 패전한 독일이 오래 지나지 않아 예전의 위상을 고스란히는 아니더라도 상당한 수준까지 회복할 수 있었던 것은 어떤 계기에서였나요?

보기에 따라 다를 것이지만 내가 보기엔 제대로 회복 못했습니다. 당장 과학의 주도권을 미국에 빼앗기지 않았습니까? 그리고 탄압받았을지언정 있던 사람들이 사라지지 않는 것이고, 참담했지만 나치시대는 12년에 그쳤습니다. 즉 나치시기는 시간적으로는 꽤 짧았지요. 나치 이전 시기을 기억하는 사람들이 종전 후 그대로 현역들이었습니다. 그러니 당연히 상처가 아무는 시간도 짧아질 수 있는 거지요. 참고로 과학에 아무런 토대도 없었던 우리가 1960년대 이후 이룩한 것을 본다면 독일의 그 정도의 부흥은 어쩌면 당연한 것이 아닐까요? 독일의 기존 학문 전통과 여전히 근면한 국민들을 보유하고 있었으니 말입니다.

먼저, 서양과학사, 동양과학사, 한국과학사가 모두 전공으로 존재합니다. 하지만 수식어 없이 '과학사'라고 부른다면 서양과학사를 의미한다고 할 수 있겠지요. 당연한 것이 현대과학의 뿌리가 서양과학사니까요. 우리가 물리, 화학, 생물학 등을 과학으로 배우는데 그것이 서양과학사의 맥락에서 온 것이니까요. 그러니 일단 표준적인 과학사는 서양과학사라고 표현할 수 있겠지요.

그런데 질문에 '우리의 과학'이라는 표현이 있는데, 지금 배우는 과학사가 우리의 과학입니다. 시작이 서양에서 된 것이지 현재 우리가 열심히 연구하고 업적을 내고 있는데 우리의 과학이 아니면 뭐겠습니까?

융합과
과학연구 이야기

4

· '문과 대 이과' 식의 학문 분리 대신 어떤 바람직한 대안이 있을까요?
· 과학기술자가 경험적 · 의식적으로 윤리의식을 함양할 수 있는 방법에는 무엇이 있을까요?
· 과학기술의 발전과 윤리적 문제 중 어디에 더 치중을 하는 것이 옳을까요?
· 한 사람이 다양한 지식을 융합하는 것과 여러 사람이 각각 깊은 지식을 공부하고 이를 융합하
  는 것 중 어떤 것이 시너지 효과가 더 클까요?
· 원자 에너지를 무기나 발전소로 사용하는 방법을 몰랐다면 현재 우리는 더 행복할까요?
· 우리나라에는 왜 아직까지 노벨과학상을 받은 과학자가 없을까요?
· 필요성은 절감하지만 과학이 너무 싫은데, 어떻게 하면 과학에 쉽게 접근할 수 있을까요?
· 우리나라도 아인슈타인 같은 과학자를 배출하려면 교육제도를 어떻게 고쳐야 할까요?

교수님께서는 학문의 융합에 대해 강조하셨고, '문과 대 이과' 식의 학문 분리에 대해 경계하셨습니다. 저도 이 점은 동의하지만 그만큼 학문의 깊이와 양이 많아져서 융합적 교육을 하기에는 현실적으로 어렵다고 생각합니다. 이 점에 대해 단지 융합적 교육이 필요하다거나 문이과 구분 교육이 잘못되었다고 하기보다는 대안을 제시해주실 수 있는지요?

질문 자체가 융합교육에 대한 그림을 완전히 잘못 그리고 있는 사례입니다. 융합은 절대 양이 많아지는 것도 아니고 어려운 것도 아닙니다. 그냥 학문이 변화해가는 당연한 과정일 뿐입니다.

융합은 단순한 섞음이 아닙니다. 영어만 하지 말고 중국어도 해라? 그게 무슨 융합입니까? 그런 것은 융합이 아닙니다. 많은 이들이 융합이란 1+1이니 2라는 지식의 양이 필요할 거라는 오해를 합니다. 절대 그렇지 않습니다.

예를 들어 현대의 대표적 융합학문인 인지과학은 심리학, 철학, 의학, 생물학, 인공지능, 교육학에 대한 지식까지 망라되어 있습니다. 하지만 그렇다고 심리학과 철학의 모든 부분이나 생물학과 의학의 전반적 지식 전체를 필요로 하는 것은 아닙니다. 인지과학이 필요로 하는 정도의 해당 분야에 대한 지식이 필요한 것입니다.

그리고 시간이 지나면 인지과학이 융합학문이었다는 생각 자체가 없어질 겁니다. 우리가 융합학문이라고 인식하고 있는 것은 극히 최근에 융합된 경우에 대한 것일 뿐입니다.

19세기 대표적 융합학문이 뭘까요? 바로 물리학과 생물학입니다. 에너지 개념이 나오면서 에너지로 표현될 수 있는 것, 즉 빛, 소리, 열, 운동, 전자기 등에 대한 연구가 단일한 학문으로 융합된 것입니다. 생물학 역시 분리되어 있던 동물학과 식물학이 세포설이 정립되면서 생물학으로 융합되게 됩니다. 이런 변화는 지극히 자연스러운 것입니다.

융합을 방해하고 있는 것은 행정적 구분, 그로 인한 이해집단들의 알력, 우리의 선입견뿐입니다. 그리고 위로부터의 '억지로 융합'이 만들어내는 부작용들이 문제인 것입니다. 갑자기 융합이 유행인 것처럼 언론이나 정부, 기업에서 호들갑스럽게 떠들어대니 학생들이 오해하게 되는 것이라고 생각합니다. 융합은 언제나 해오던 것입니다.

제가 주장하는 것은 아주 쉽게 뻔히 시도해볼 수 있는 것조차 못하는 것으로 인식하는 분위기 자체의 문제가 아주 크다는 겁니다. 학과 이기주의, 스펙 개념 같은 것으로 억지로 억압하지 않으면 자연스럽게 이루어지는 것이 융합입니다. 새로운 노력을 더하라는 것이 아니라 필요 없는 고정관념의 장벽을 부수라는 것일 뿐입니다.

어렵게, 일부러 융합할 필요는 없습니다. 필요할 때 필요한 것을 시도할 수 있는 기본적 태도와 소양이 필요하다는 애기일 뿐입니다. 이 부분만 바꿔놓아도 우리들이 해낼 수 있는 일은 훨씬 늘어날 겁니다.

필요를 느낄 때 망설이지 말고 필요한 융합을 하십시오. 내 주장은 간단합니다.

Q

지금까지 수업을 들어보니 서양의 과학혁명에서는 이론들이 결국 수학적 아름다움의 추구로 귀결되는 것 같습니다. 우리나라를 비롯한 동양에서는 수학적으로 조화를 찾거나 아름다움을 추구하는 방향으로 나아갔다는 이야기는 못 들어본 것 같습니다. 그 당시 유럽 바깥에서의 수학은 어떠했는지, 탐미적인 시도는 없었는지 알고 싶습니다.

먼저 수학은 문명권이라면 당연히 있습니다. 모든 문명의 공통점이지요. 수학뿐만 아니라 문자, 천문학, 건축학 등이 없다면 문명은 성립될 수 없습니다. 이집트, 황하, 인더스, 메소포타미아, 잉카, 마야 등 어떤 문명을 떠올리더라도 그러할 것입니다.

문자가 없으면 방대한 지식을 전수할 수 없을 것이고, 장대한 건축물이 없다면 문명이라고 불릴 수도 없을 것입니다. 하지만 천문학과 수학은 직관적으로 문명의 특징으로 떠올리기 힘들 수 있습니다.

하지만 천문학은 문명성립에 필수불가결한 지식입니다. 천문학을 통해 절기를 알아내는 것은 아주 실용적인 필요가 있습니다. 천문학은 거대 농업이 성립하려면 필수적인 지식입니다. 그래서 고대로부터 율령과 역법을 반포하는 것은 지배자의 고유한 권리로 인식되어왔습니다. 그리고 수학의 경우 천문학에도 필수적이지만, 징세하고, 땅의 넓이를 재고, 건축물을 설계하고, 군대를 운용하는 모든 문명적 행위에 빠질 수가 없는 지식이기도 합니다. 이집트의 신관들은 2차방정식 정도는 풀 정도의 수학적 역량이 있었다고 알려져 있습니다. 그래서 이런 학문들은 유럽뿐만 아니라 모든 문명권에 공통된 지식일 수밖에 없습니다.

하지만 대부분의 문명에서 수학은 실용적 필요의 추구로서만 발전하게 되었다고 볼 수 있습니다. 그러니 필요 이상으로 큰 수나 소수, 무리수 같은 추상적 개념 들은 성립하기 쉽지 않았다고 볼 수 있습니다.

인도인들은 0을 발견했고, 아랍인들이 자리수 체계로 만들어내고, 피보나치가 오늘날 우리가 사용하는 형식의 체계를 완성해냈다는 것은 많이 들어봤을 겁니다. 그런 의미에서 현대 수학은 인도, 아랍, 유럽 학자들에게 많이 빚지고 있습니다. 이처럼 비실용적이고 추상적이고 탐미적인 수학의 진원지는 지금까지 알려진 역사적 사료로 보아서는 분명히 인도와 그리스 정도인 것으로 보입니다.

단 이것은 다른 문명권들이 탐미적 관점이 약했다는 의미가 아닙니다. 모든 문명권이 형이상학적 사유와 미적인 추구를 보여줬으나, 그것을 수학적으로 추구한 경우는 인도의 고승(학자)들이나 피타고라스 학파 같은 경우가 특별히 유난스러웠다(?)고 말할 수 있다는 것입니다.

그런 면에서 서양의 과학혁명에서는 이론들이 결국 수학적 아름다움의 추구로 귀결되는 것 같다는 표현은 적절한 지적입니다. 사실 상대성이론이나 양자역학, 최근의 초끈이론에 이르기까지 모두 수학적 아름다움의 추구라는 이상을 추구하고 있다고 할 수 있습니다.

덧붙이자면 이 사실에서도 알 수 있는 것처럼 과학은 실용의 추구가 아니었습니다. 서양인들이 현실에 관심이 많고 실용적이라 과학이 발전했다는 식의 생각은 철저한 착각입니다. 수학과 과학의 발전은 신학적 · 형이상학적 · 비실용적 추구로부터 기원했다는 점을 염두에 두어야 합니다.

예를 들어 오늘날 과학자들은 안드로메다 성운에 정육면체의 별이 있을 것이라 추정하지 않습니다. 우주에 있는 천체들이 모두 일정 크기가 되면 구형을 이룰 것이라고 믿습니다. 저도 마찬가지로 동의하고요. 그렇게 믿는 이유는 우주가 단일한 물리법칙들에 의해 동작할 것이라는 믿음에 기반합니다.

그런데 인류가 우주의 법칙이 단일할 것이라는 것을 증명했나요? 단지 그렇게 믿고 있을 뿐입니다. 왜 그렇게 믿을까요?

사실 그 시작점은 창조주가 유일하니 마땅히 그 창조법칙이

유일할 것이라는 믿음으로부터 기인했다고 볼 수 있습니다. 즉 유일신관의 신학적 개념에서 유도되는 셈입니다. 결국 과학적 신념의 기반은 신앙적 신념이 토대가 되었다는 것을 추측해볼 수 있습니다. 다시 말해 과학적 태도라는 것은 하나의 철학적 이데올로기이기도 하다는 것입니다.

그것은 매우 형이상학적이고 신학적인 입장에서 실용성과 무관하게 잉태된 하나의 입장입니다. 그런 면에서 현대과학이 일신교적인, 즉 매우 기독교적인 문명권의 문화적 기반에서 시작할 수밖에 없었다는 표현도 일리가 있습니다.

사실 만유인력이 영국인들의 복지향상에 무슨 도움을 줬겠습니까? 실용의 측면은 유교가 훨씬 강하지요. 뉴턴적 사유들이 칭송 받을 수 있었던 이유는 우주에 편만한 신의 창조법칙 중 하나를 인간이 알아냈다는 경이로운 감정에서 출발한 것입니다.

그런 흐름이 수백 년 뒤 유럽의 세계지배에 영향을 미치게 될 줄 알았던 사람은 아무도 없었습니다. 다시 말하지만 과학발전의 결과 발생한 유럽의 국력증대는 말 그대로 예상 못한 결과일 뿐 목표가 아니었습니다.

덧붙이면 그러기에 동양은 무언가 '잘못해서 진 것'이 아니라는 겁니다. 동일한 목표를 가진 경기가 아니었으니까요.

Q

교수님은 수업 서두에서 오늘날 윤리적 고민이 없는 과학자, 과학기술에 무지한 인문학자가 양산되는 문제를 언급하셨는데, 오히려 윤리의 족쇄에 묶인 과학자, 과학적이고 합리적인 것에 갇혀버린 인문학자는 자신의 분야에 더 큰 전문성을 발휘하기 힘든 경우가 생길 수 있지 않을까요?

예를 들어 중세의 신학적 윤리에서 자유로웠다면, 코페르니쿠스는 더 일찍 자신의 지동설을 발표하고, 다른 과학자들과 자신의 이론을 나눌 수 있었을 텐데, 당시 시대의 윤리에 갇혀 지동설의 채택과 오류의 수정과정이 늦어졌다고 볼 수는 없을까요?

이 질문의 경우 '윤리의 족쇄에 묶인'이라는 표현 안에 이미 부정적 답이 정해져 있습니다. 족쇄는 당연히 안 좋은 것입니다. '합리적인 것에 갇힌'이라는 표현도 마찬가지입니다.

세 단계로 나누어 답해보겠습니다.

먼저, 사례로 제시한 부분은 지금 현재가 정답이라는 것을 결과론적으로 전제하고 있는 것입니다. 만약 지동설이 틀렸었다면 당시의 윤리 덕택에 과학이 엉뚱한 길로 빠지지 않고 잘 발전했다고 할 것 아닙니까? 그런데 지금 이 시점의 과학이론이 맞는지 틀리는지는 어떻게 알 수 있을까요? 당연히 논쟁이 필요한 부분이고, 처음 이론을 생각하는 사람 역시 스스로 고민이 필요할 것입니다. 코페르니쿠스는 당시 시대 상황에서 당연한 고민을 했을 것으로 추정될 뿐입니다.

그리고 내가 말한 '윤리적 고민이 없는 과학'이라는 맥락과 이 코페르니쿠스 사례는 적절히 조응하지는 않는 것 같습니다. 내 말의 맥락은 이런 것입니다.

지금 40명의 인간에게 치사율 50%의 생체실험을 감행하면 내년에 100만 명을 살릴 것이 확실시되는 연구가 있다고 가정해봅시다. 내게 결정권이 있다면 나는 실험을 수행해야 하는 걸까요? 여러분은 어떻게 대답하겠습니까?

그런데 한 가지 추가적인 사실을 알려주겠습니다. 그 40명이 바로 여러분입니다. 그러면 여러분은 어떻게 대답할 건가요? 그리고 내가 그 사실을 여러분에게 고지하지 않고 몰래 수행한다면 어떨까요?

또 그 40명이 여러분이 아니라 북한군 40명, IS 전사 40명, 성폭행범 40명, 90대 노인 40명, 문맹자나 금치산자 40명, 아프리

카 오지의 어느 가난한 마을 40명의 경우라면 여러분의 결론이 달라져야 할까요?

윤리적 문제라는 것은 이런 것들에 대한 고민입니다.

분명한 것은 그런 것을 과학이 답해줄 수 없습니다. 하지만 과학자는 답해야만 합니다. 동시에 과학자가 아닌 사람도 고민하고 개입해야만 하는 문제입니다. 그것이 내가 언급한 윤리의 문제이며 그런 것에 '윤리적 족쇄'라는 표현을 붙일 수 없습니다.

합리적인 것에 갇힌다는 표현도 마찬가지입니다. '자유에 갇히다', '행복에 갇히다', '결혼에 갇히다' 같은 표현만큼이나 표현 자체가 부정적이고 무의미한 것 같습니다.

반문하고 싶은 것이 있습니다.

윤리가 왜 족쇄이고, 합리적인 것에 갇히는 경우는 도대체 어떤 경우인가요? 아마도 질문자가 떠올린 상황은 윤리라는 이름을 빌린 나태함이나 관료주의, 행정편의주의가 아닐까 싶습니다. 그것은 윤리의 족쇄가 아니라 오만과 게으름의 족쇄입니다.

과학적이고 합리적인 것에 갇힌 인문학자라는 표현은 수박 겉핥기식 지식으로 사이비 과학에 빠지거나 옹졸하고 근시안적 계산을 일삼는 인문학자가 아닌가 싶습니다. 그 경우도 과학이 아니라 무지와 이기심에 갇힌 것이겠지요.

내 입장에 대한 답은 된 것 같습니다.

Q

주변에서 듣게 되는 얘기들이나 뉴스를 보면 현대 과학자들의 윤리의식이 많이 부족하다는 인상을 받습니다. 저 역시 과학기술자가 되어야 할 텐데 경험적·의식적으로 윤리의식을 함양할 수 있는 방법을 알고 싶습니다.

먼저 윤리의식이 부족한 것과 연구윤리가 지켜지지 않는 것은 구별이 필요하다고 봅니다. 나는 '현대' 과학자들이 특별히 다른 시대에 비해, 혹은 현대의 다른 직업군에 비해 윤리의식이 부족하다고 생각하지 않습니다. 연구윤리 위반사례가 많이 발생하고 있는 것은 윤리의식의 부족보다는 연구윤리 자체에 대한 무지 때문인 이유가 훨씬 커 보입니다. 자신의 분야에서 성공적으로 연구를 수행하기 위해서는 연구윤리의 기본을 정기적으로 재학습해야 할 필요가 있습니다. 많은 과학기술자들이 이 부분을 간과하는 실수를 저지릅니다. 성희롱이 성희롱의 의사가 전혀 없었던 사람도 저지를 수 있는 것처럼, 현 시대와 각 분야의 윤리체계를 올바르게 숙지하지 못한다면 선의지를 가진 사람도 '자신도 모르게' 연구윤리를 위반하기 쉬운 것이지요.

연구윤리를 지키기 위해서는 그냥 착하게 살면 된다고 생각하면 안 됩니다. 연구윤리는 꾸준히 학습하고 고민해야 하는 복잡한 '준법체계'라고 봐야 합니다. 예를 들어, 연구업적 분배나 표절 등에 대한 기준은 시대별, 분야별로 크게 달라집니다. 따라서 주기적으로 새롭게 익혀 나가야만 하는 정보입니다. 질문자는 연구윤리를 지키고 싶은 강한 의지를 이미 가진 사람입니다. 그러니 남은 문제는 방법론과 규칙을 알아나가는 작업이면 충분할 것 같습니다.

저는 윤리적인 문제에 의해 생물학의 발전이 정
체되었다고 생각합니다. 과학기술의 발전과 윤
리적 문제 중 어디에 더 치중을 하는 것이 옳다
고 보시나요?

일단 나는 이것이 양자택일의 문제로 보이지 않습니다. 윤리
이전에 위험성을 수반한 연구는 당연히 조심해야 합니다. 그러
니 규제는 분명히 필요합니다.

그리고 윤리적 입장 자체가 다양합니다. 공리주의적 · 의무론
적 · 정의론적 · 생명중심주의적 관점 등 다양한 윤리적 입장이
있고, 내가 윤리적 선택이라 할지라도 다른 이가 보았을 때는
윤리적이지 않을 수도 있는 것이지요.

예를 들어 질문자가 윤리적 문제에 의해 생물학의 발전이 정
체되었다고 표현했는데, 그렇다면 질문자가 볼 때는 생물학은
윤리학에 의해 '비윤리적' 처우를 받은 겁니다. 아닙니까?

결국 그때그때 사례에 따라 내 입장은 계속해서 바뀔 것 같습
니다. 즉 남의 입장에서는 내가 과학에 치중하는 듯이 보일 수

도 있고, 윤리에 치중하는 듯이 보일수도 있습니다. 하지만 내가 옳아 보이는 것을 선택하는 것이고, 결국 나의 윤리적 입장을 선택하는 것입니다. 과학을 발전시킬 수도 있는데 발전시키지 않도록 규제만 한다면 그것이 비윤리적인 행동 아닌가요? 그러니 진부한 답이겠습니다만 결론은 이렇습니다.

그때그때 사안에 따라 신중히 판단하고 고민해서 결정할 뿐입니다. 어느 것에 더 치중한다는 표현 자체가 어폐가 있는 것입니다.

단 개인적으로는 생명과학에 대한 영국의 반응 사례들이 마음에 듭니다. 언제나 신중하게 접근하고 끔찍하게 많은 위원회들이 열리지만 언제나 선도적으로 고민하고 대응해왔습니다. 시험관 아기나 유전자 검사, 인간복제 등의 이슈에 빠르게 입법부가 움직였고, 언제나 긴 시간의 논쟁과 토론을 거쳐 문제를 방기하지 않고 법안을 만들어갔습니다. 그래서 가장 먼저 이런 문제에 대한 입법을 해냈습니다. 느리지만 분명하게 바뀌어 갔고, 자국 학문이 경쟁력을 잃지 않으면서도 상황에 대한 다양한 피드백과 조율이 가능한 속도로 진행시켰습니다. 잘 살펴볼 사례들이라고 봅니다.

수업 중에 '두 문화'*에 대한 설명을 듣고 정말 '아!' 하고 탄성을 질렀습니다. 왜냐하면 평소 고민하던 문제가 명확히 한 단어로 제시되어 있다는 것이 신기했기 때문입니다. '이과는 문학을 싫어한다'는 말을 싫어했지만, '문과는 과학에 무관심해'라는 것에는 동조했던 저는 두 문화의 경계에 있었다고 생각합니다. 제가 궁금한 것은 과연 이것을 어떻게 하면 해소할 수 있을지입니다. 제 후배들은 통합교육이 시작되어 조금 나아질 것이라는 희망이 보이지만 저나 제 선배 세대들은 이 문제를 어떻게 해결해야 할지 모르겠습니다. 혹 교수님 개인적인 생각으로라도 방안이 있다면 알려주시면 좋겠습니다.

물리학과 학생의 문학적인 질문이네요. (웃음) 사실 두 문화

* 두 문화: 이른바 문과 문화와 이과 문화로 나뉘어 서로 상대방에 대한 몰이해로 발생하는 학문 간 장벽의 문제

문제에 대한 다양한 의견 제시들의 결과가 오늘날 고등학교 문이과 구분 폐지라는 방안으로 도출된 것으로 보면 됩니다. 하나의 성과라고 할 수 있습니다.

두 문화 문제를 해결하기 위해서는 당연히 전방위적인 노력이 필요하지만 가장 중요한 것은 본인이 그 필요성을 깨닫고 열린 마음을 갖는 것 자체입니다.

사실 학문의 고위한 영역에 도달한 사람들은 모두 다 자연스럽게 융합을 한다고 보면 됩니다. 학문을 연구하면 할수록 인접 학문의 아이디어와 개념들을 차용해서 자기 분야의 혁신을 이끌어낼 수 있음을 당연한 결론으로 깨닫기 때문입니다. 모든 성공한 혁신가들은 두 문화 문제로 대표되는 학문 세분화 문제를 극복한 사람들입니다.

단 젊어서 그래야 함을 알고 시작하느냐는 중요한 차이가 되어줄 수 있습니다. 질문한 학생은 지금 그것을 절실히 느꼈다는 것 자체가 이미 문제를 70% 정도 해결한 것입니다. 사실 해결법은 이런 이야기를 자꾸만 학생들에게 반복해 알려주는 것이지요. 그러면 다른 시각으로 20대를 보내고 폭넓은 경험을 해볼 수 있는 겁니다.

또 융합은 홀로도 하는 것이고, 여럿이 모여서도 하는 겁니다. 다시 말해 다양한 분야의 전문가들이 협동연구를 하는 것도 융합이고, 내가 다양한 분야의 지식을 융합해서 혁신적인 이론으로 나아가는 것도 융합입니다. 그리고 모두 필요합니다.

그리고 많이 오해하는 것처럼 홀로 1+1=2를 하는 아주 어려운 작업이 아닙니다. 실제로는 1.2 정도를 하는 것이라고 보면 됩니다.

인지과학 같은 경우가 전형적인 사례입니다. 철학, 심리학, 신경과학, 인공지능, 진화생물학 등의 다양한 분야가 융합된 학문이지만 그렇다고 인지과학자가 철학이나 심리학의 모든 분야를 공부하는 것은 아닙니다. 우리의 인지과정을 설명해주는 관련된 이론체계들만 다양하게 학습하는 것이지요. 융합학문은 '합친 것이니' 해당 학문의 총량 자체가 눈에 띄게 늘어날 것이라는 걱정은 하지 않아도 좋습니다.

수많은 학문분야가 융합되어 있지만 그 모든 학문을 다 하는 것은 아닙니다. 필요한 부분만 차용하는 것이지요. 그리고 시간이 지나면 인지과학을 더 이상 융합학문이라고 부르지 않을 것입니다. 물리학이나 생물학이 19세기의 융합학문이었습니다. 하지만 지금 그 학문들이 융합학문인지도 모르게 되는 것처럼요.

그 융합은 자연스러운 것이어야 합니다. 요즘 분명히 융합인 플레이션이 발생하고 있습니다.위로부터의 융합, 연구비를 받기 위한 인위적 융합이 문제입니다. (그래서 나는 '융합'이 아닌 '잡종'이라는 표현으로 과목명을 만든 겁니다.) 하지만 융합은 자연스러워야 하고 필요할 때는 언제나 할 수 있어야 합니다. 융합의 시대는 따로 있지 않습니다.

Q

두 문화가 이과적 성향과 문과적 성향을 나누는 것으로 이해되는데 그 두 성향의 특징이 서로 양립할 순 없나요?

내 얘기는 그 두 성향이 따로 있다는 식의 생각을 지우라는 얘기였죠? (웃음)

교수님의 강의는 두 문화의 조화를 강조하셨는
데 현재 한국 대학들의 다소 공대에 치우친 인재
양성방식에 대해 어떻게 생각하시나요?

한국 대학교육의 문제점은 당연히 있겠는데, 그것이 '공대에
치우친'이라는 표현에는 동의하지 않습니다. 공대가 발전하면
좋은 겁니다. 다른 단과대학들의 발전은 또 다른 문제들일 것이
고요. 그런데 공대를 제대로 발전시키고 있는지부터 질문거리
인 것이지요.

내가 보아서는 오히려 근시안적 발전모델이 문제라고 봅니
다. 사회가 계속해서 단기간에 성과를 내기를 요구하고 있고,
취업률로 압박하는 모양새가 아닙니까? 그러니 10~20년을 내
다보는 연구는 이루어지기 힘든 현실로 바뀌고 있습니다. 이것
은 큰 문제입니다. 우리가 2030~2040년대에 필요한 기반을 만
드는 일을 소홀히 하고 있는 것은 아닌지 진지하게 돌아봐야 할
시점이지요.

Q

한 사람이 다양한 지식을 융합하는 것과, 여러 사람이 각각 깊은 지식을 공부하고 서로가 모여 이를 융합하는 것 중 어떤 것이 더 큰 시너지 효과를 가질 수 있을까요?

두 가지 방법 모두 다 해야겠지요. 개인은 스스로를 융합적 인재로 만들어가고, 팀은 다양한 재능을 가진 사람들을 모아 혼자서는 불가능한 일들에 도전해가는 것이겠지요.

문제는 이 두 가지가 다른 것이라는 인식에 있다고 보입니다. 팀이 만들어지면 서로 간에 대화는 가능한 정도로 서로 상대방의 분야에 대한 기초적인 지식을 가지고 있어야 공동의 융합적 연구라는 것이 가능하겠지요. 그리고 질문자가 말한 깊은 지식이 결국 융합적 지식일 것입니다.

예를 들어 하드웨어와 소프트웨어를 동시에 공부한 사람을 융합형 인재라고 부를 수 있겠지요. 그런데 내가 소프트-하드웨어 공학이라는 학문분야를 정의하면 그 사람은 그냥 소프트-하드웨어 공학이라는 단일한 학문을 깊이 공부한 사람이 되는 것입니다.

그런 것은 학문분류를 어떻게 하느냐에 따라 얼마든지 바뀌는 표현이 된다는 것입니다. 내 말의 핵심은 그러니 현재 자기 전공을 자신의 직업과 1:1 대응할 무엇으로 바라보지 말라는 것뿐입니다.

Q

많은 과학자들이 수학적 미를 추구하는 과정에서 업적을 이루었다고 배웠습니다. 과학에서 수학적 아름다움을 좇는 것이 실제로 유의미하다고 생각하시는지 궁금합니다.

사실 수학적 아름다움을 좇는 활동이 과학입니다. 과장된 표현일까요? 그리고 사실 모든 학문이 수학적 아름다움을 좇습니다. 예를 들어 이 건물은 수학적으로 세워졌습니다. 그렇지 않나요? 수학에 의해 지하철은 제 시간에 다니고 우리는 시간에 맞춰 학교에 올 수 있습니다. 우리는 수학적 약속하에 수업을 진행 중이고, 수학적 아름다움을 갖춘 음악을 들으며 행복을 느낍니다. 이런 것들이 무의미한가요? (웃음)

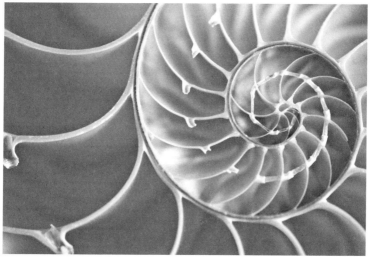

"우리는 모두 대단히 수학적이며 탐미적입니다. 일부 과학자들만 특별한 것이 아닙니다. 단 자연 안의 수학적 미를 알아보았는지 아닌지의 차이일 뿐입니다."

Q

원자 에너지를 무기나 발전소로 사용하는 방법
을 몰랐다면 현재 우리는 더 행복할까요, 불행할
까요?

자동차가 나오지 않았다면 우리는 더 행복할까요, 불행할까
요? 자동차로 인해 편리해졌지만, 자동차 사고도 발생하고 공
해도 더 심해졌습니다. 그런 얘기와 같다고 보입니다. 그런데
그렇다고 자동차가 없는게 낫다는 식의 얘기에는 동의하지 않
습니다. 문제 자체를 해결해 나가면서 과학을 발전시켜야겠지
요. 인류의 윤리적 태도가 과학이 발전한 만큼 성장해줄 수 있
어야 하는 겁니다. 그 균형이 맞아야 행복할 수 있겠지요. 더 강
한 기술은 더 높은 윤리적 태도를 필요로 합니다.

교수님은 융합적 사고의 중요성에 대해 느끼게
된 결정적인 계기가 있으신지요?

융합이란 사실 나이가 들면서 모두가 다 알게 되는 당연한 것
일 뿐입니다. 연배가 있는 회사의 부장님이나 이사님쯤 되면 너
무나 당연한 것입니다. 즉 인생 경험을 통해 여러 능력이 필요
함을 천천히 느껴가는 것입니다. 그것을 유식하게 융합이라고
부르는 것뿐입니다.

단지 자신들이 알게 된 그 처세방법이 융합적 방법론으로 정
의된다는 것을 미처 생각 못할 뿐이지요. 내가 섞고, 우리가 섞
고, 전체가 섞여야 합니다. 단 자기 정체성은 유지한 상태로.

그것이 사회가 원만하게 동작하는 방법입니다.

Q

과학의 역사에 대한 교수님 강의를 들으면서 느
낀 것입니다. 우리나라에서는 오랜 역사에도 불
구하고 전 세계적으로 알려진 과학자가 존재하
지 않습니다. 또한 우리나라에는 아직 노벨상을
받은 과학자도 없습니다. 자연과학을 전공하는
학생으로서 과학자가 되어 노벨과학상을 받는
상상도 한 번쯤 해보는데, 왜 우리나라에는 아직
까지 노벨과학상을 받은 과학자가 없는지 궁금
합니다. 과학사를 가르치시는 교수님의 생각을
듣고 싶습니다.

먼저 언제나 질문해야 할 것은 노벨상을 어떻게 받았느냐 하
는 것이지, 왜 못 받았느냐 하는 것이 아닙니다. 전 세계 많은 나
라들 중에는 노벨상을 못 받은 나라가 더 많다는 것을 감안하면
더더욱 그렇습니다.

여러 번 비슷한 질문을 받았습니다. 그리고 이런 유형의 질문
에 대한 내 대답은 한결같습니다. "우리나라에는 김연아 이전
에 피겨에서 금메달을 받은 사람이 왜 없습니까?"라는 질문과

유사합니다. 답은 간단합니다. 안 했으니까요. 왜 해야 합니까? 그 질문 자체가 이상한 겁니다. 그 기간 동안 피겨를 안 한 것이 잘못일까요? 만약 그렇다면 그것은 현재 금메달을 받지 못하는 모든 분야가 마찬가지일 겁니다. 그렇다면 우리는 언제나 잘못하고 있다는 결론뿐이지요. 그것이 당연히 해야 할 마땅한 목표라는 것을 증명하지 못한다면 별 의미가 없는 질문이 되어버립니다. 과학이 중요하며 반드시 이루어야 할 목표라는 생각은 우리가 서구 과학기술에 압도당한 뒤 생겨난 것입니다. 그 이전의 시기에 대해 묻는 것 자체가 주객이 전도된 것입니다.

먼저 '우리나라에서는 오랜 역사에도 불구하고 전 세계적으로 알려진 과학자가 존재하지 않습니다'라고 했는데 이 경우는 우리나라는 불과 70년도 안 된 짧은 역사에도 상당한 과학적 수준을 보유한 나라라고 표현해야 합니다. 사실 우리나라에서 과학이 시작된 지는 60년 정도 지났습니다. 일제시기 한반도 내에서는 이공계열 학사학위자조차 거의 배출되지 못했습니다. '거의'라는 표현을 사용한 이유는 태평양 전쟁 시기 조기졸업 등을 통해 일찍 이학사를 준 뒤 군수산업체에 현장인력으로 투입한 경우들이 일부 존재하기 때문입니다. 그러니 사실상 일제시기 정상적인 이공계 대졸자는 없었다고 보는 것이 타당할 겁니다. 광복 후 대한민국의 과학기술계열 박사학위 소지자 수는 12명에 불과했고 그나마 절반은 월북했습니다. 한국전쟁시기까지 대한민국에는 과학이 없었다고 봐도 무방할 겁니다. 그 짧은 역사에서 이 정도의 과학기술을 갖추는 수준까지 발전할 수 있었다면 자랑스러워해도 되는 일입니다. 그러니 아마도 노벨상도 결국 앞으로 받게 될 겁니다.

그런데 내가 보기엔 더 중요한 질문이 있습니다. 노벨상은 왜 받아야 합니까? 그게 더 중요한 질문 같습니다. 올림픽 금메달로 비유해보겠습니다. 올림픽 금메달을 5개 받은 것과 10개 받은 것이 무슨 차이가 있을까요? 10개를 받으면 5개를 받은 것보다 대한민국의 전반적 체육 수준이 훨씬 높다는 증거일까요? 그리고 더 훌륭한 나라라는 근거일까요? 1988년 서울 올림픽에서 동독은 미국을 제치고 금메달 수 2위를 기록했습니다. 오늘날 통일 독일은 전혀 이 정도 수준이 아니지요. 하지만 동독 시절이 더 좋았다고 생각할 독일인은 없습니다. 금메달 개수나 노벨상 수상 유무로 체육과 과학 수준을 판단하려는 단순한 사고법이 더 문제입니다.

그러니 단지 세계에 자랑하기 위해서 노벨상을 받을 필요는 없다고 생각합니다. 노벨상을 받았다는 것은 우리나라의 과학기술 수준이 일정한 단계에 도달했다는 한 지표가 되어줄 수 있다는 정도가 건전한 결론이라고 생각합니다.

또 하나, 흔히 노벨상에 정보통신기술상이 있었다면 한국에서 몇 번은 수상자가 나왔을 거라는 말들을 합니다. 반도체, 휴대폰 분야에 노벨상이 있었다면 아마 지난 20년 동안 여러 번 한국에서 수상자가 나왔을 겁니다. 우리는 세계 과학기술산업의 역사에 뚜렷이 의미 있는 업적을 남겼습니다. 그 말 그대로 우리가 노벨정보통신기술상을 못 받은 것은 단지 노벨상에 그 분야가 없기 때문입니다. 그렇다고 우리가 정보통신기술에 종사할 우수 인력들을 물리나 화학 분야에 억지로 투입시킬 필요도 없습니다. 겨우 노벨상을 받기 위한 목적뿐이라면요. 노벨상은 자연스러운 결과로 나타날 현상이지 억지로 받아야 할 무엇은 아닙니다.

결론적으로 노벨상은 결과지 목표일 수 없습니다. 그리고 노벨상 수상 유무는 그 나라 과학 수준의 한 지표일 뿐 절대적 지표일 수 없습니다.

이 정도의 결론에도 불구하고 반성할 부분을 생각해본다면, 기초과학에 노벨상이 없는 까닭은 우리는 아직 과학이 문화가 되지 못했다는 점을 한 이유로 들 수 있을 것 같습니다. 지금도 과학사를 강의해보면 공대 학생들조차 과학사에는 거의 문외한이라고 할 수 있습니다. 그것이 한 증거입니다. 이탈리아 사람들에게 갈릴레오, 영국 사람들에게 뉴턴은 역사입니다. 과학이 문화적 토양 속에 자리 잡고 있다고 볼 수 있지요. 그런데 아직 한국에서는 과학이 경제발전의 도구이며 특별한 사람들만 알고 있으면 되는 기예라는 인식이 강합니다. 이런 토양에서는 최고도의 철학적 사유인 상대성이론이나 양자역학 같은 것이 나오기는 분명히 힘들겠지요. 일반 대중이 수준 높은 '과학문화'를 향유할 때 노벨과학상이 나올 확률도 높아질 겁니다.

그리고 또 한 가지, 단기간에 결과를 얻기 바라는 얼치기 실용주의도 문제입니다. 다음 완제품의 형태가 눈에 보이는 응용 기술 분야에서는 언어타기 전략이나 흉내내기가 얼마든지 가능하고 많은 투자로 빠른 결과를 얻는 것이 어느 정도 가능합니다. 하지만 기초과학은 철학적이고 문화적인 부분이 많습니다. 접붙이기 전략으로는 한계가 있다는 것이지요. 서구 철학과 역사의 흐름 속에서 과학을 바라볼 수 있어야 합니다. 결국 제 전공인 과학사에 대한 강조가 되어버리고 말았군요. (웃음) 나라면 그 정도 조언을 할 수 있을 것 같습니다.

덧붙이는 글

이와 비슷한 맥락의 질문 사례는 무수히 많다. 대부분 이런 유형이다.

"프랑스의 유명한 과학자는 누구인가?'라는 물음에는 라브와지에, 르 샤틀리에 같이 머릿속에 떠오르는 수많은 과학자들이 있습니다. 서양 국가들의 위대한 과학자는 쉽게 떠올릴 수 있는 반면, 대한민국의 위대한 과학자를 생각하면 선뜻 대답이 나오지 않습니다. 왜 서양에서는 오래전부터 과학이 발전했고, 우리나라의 과학 수준은 다소 부족한 것인지, 공교롭게도 우리나라에서는 개인적 역량이 뛰어난 사람이 없었던 것인지 의문이 듭니다."

이 유형의 질문은 너무 많아서 이제는 "왜 박태환에게 피겨를 안 했느냐고, 김연아에게 골프를 못 치느냐고, 박세리에게 수영은 안 배우느냐고 묻고 있는가?" 정도의 유형화된 대답을 수업시간에 내놓곤 한다.

기본적으로 이런 유형의 질문이 많은 것은 우리의 역사교육이 얼마나 단순했는지에 대한 반성을 하게 만든다. 사실 필자 역시 학교를 다니면서 숱하게 들었던 이야기들이다. 자기 비하적인 무엇 무엇을 못했다는 논리와 무엇 무엇을 잘했는데 결국 위정자들이 잘못해 일을 망쳤다는 식의 논리들이 필자의 청소년기를 잠식했던 것 같다. 독서량이 조금은 축적된 20대에 와서야 '못난 우리나라'라는 괴상한 자기비하 논리에서 어느 정도 벗어날 수 있었다. 그런데 식민사관은 필자보다 20년 이상 나이차가 나는 2010년대 대한민국 대학생들의 과학에 대한 생각 속에서도 여전히 위력을 발휘하고 있다. 광복 70년이 지났지만 아직도 우리는 식민사관을 떠나보내지 못하고 있는 것이다. 상황은 생각 외로 심각하다.

우리나라가 노벨상이 전무한 것에 비해, 일본 또한 서구에 비해 뒤처졌음에도 불구하고 노벨상 수상이 가능할 수 있었던 이유가 궁금합니다.

일단 내 수업의 내용은 20세기 중반까지 일본은 기술 수준에서는 유럽에 결코 뒤처지지 않았다고 볼 수 있으나 순수과학에서는 아직 아니었다는 것이었습니다.

하지만 일본이 아무리 과학이 '뒤처져도' 아시아 최고 수준이었고, 일본은 2차 세계대전기까지 유럽 문명권 바깥에서 독자적으로 과학을 하는 유일한 국가였습니다. 유럽인들에게 '백인이 아닌' 사람들이 과학을 할 수도 있다는 것을 보여준 유일한 사례이기도 합니다. 그것을 보여주는 것에서 끝났다면 일본은 매우 훌륭한 모범국가가 되었을 것입니다. 하지만 일본은 유럽의 제국주의까지 배워버렸고, 그것도 정치제도상 최악의 국가들을 흉내 내기에 이르렀었다는 것이 문제일 뿐입니다.

한국에서 과학은 사실상 1950년대 이후에 시작되었다고 보면 됩니다. 일제는 태평양 전쟁 시기까지 과학 분야의 고등교육을 한반도 안에서 실시한 적이 없었습니다. 특히 중등교육 수준 이상의 물리화학적 지식은 한반도 내에서 가르치지 않았습니다. 지독한 견제였습니다. 영국이 인도에서 행한 일도 그 정도는 아니었습니다.

1941년, 거대 전쟁으로 과학기술인력이 부족해지자 마지못해 경성제국대학에 이공학부를 만들었으나, 불과 4년 뒤 일제가 패망했으니 해방 전까지 한반도에서 배출된 정상적인 이공계 대졸자는 존재하지 않는 셈입니다. 물론 태평양 전쟁 시기 전시동원을 위해 수업연한 단축을 통해 대학생들을 조기졸업시켰고, 군수산업 현장에 동원한 사례들이 일부 있긴 하지만, 이를 정상적 대학과정을 이수한 경우로 보긴 힘들 것입니다.

해방 후 유학에서 돌아온 인력 중 과학기술 분야의 박사학위자는 12명이 전부였습니다. 그것이 신생국 대한민국의 '과학'이었습니다. 알고 보면 끔찍할 정도입니다.

어쩌면 그래서 이후 반세기간 한국의 고도성장이 가능했을지도 모릅니다. 배움에 한이 맺혔고, 특히 과학에 대해서는 접근할 수 없는 강렬한 이상향 같은 이미지가 강했습니다. 그러니 맹렬한 과학에의 투자와 발전의 시기를 맞이했던 것일지 모릅니다.

그러니 노벨상이 지금까지 없었던 것은 어쩌면 당연한 측면이 있고, 또한 이제는 나올 때도 됐다고 보면 될 것 같습니다. 우리가 노벨상이 없는 것이 특별한 단점으로부터 비롯된다고는 생각하지 않았으면 좋겠습니다.

또, 마찬가지로 일본도 서양과학을 받아들이기 시작한 지 100년 정도가 지나서야 노벨상을 받았습니다. 일본 역시 과학이 충분히 문화로서 성숙할 수 있는 긴 시간이 지나서야 기초과학에서 어느 정도 인정을 받은 것입니다.

서양과학을 제대로 받아들인 지 반세기 정도 지난 우리나라에서도 곧 노벨상이 나올 거라고 생각합니다. 그리고 그 정도라면 '빨리' 노벨상을 받은 셈이 될 겁니다.

Q

우리나라에서 노벨상이 나오지 않는 근본적인
원인이 궁금합니다.

이미 여러 번 나온 질문이었죠? 아주 인기 있는 질문입니다.
(웃음) 이번엔 작정하고 여러 형태로 대답해보겠습니다.

먼저 '나오지 않는' 원인을 물어야 하는 것이 아니라, 사실 나
오는 원인을 먼저 물어야 합니다. 그 역이 나오지 않는 원인이
니까요.

(1) 당연한 측면으로 과학의 역사가 짧고, 경제와 관련된 응
용기술 위주의 인적·물적 투자가 강했기 때문입니다. 이는 지
난 수십 년간 대한민국의 상황을 생각해보면 당연한 측면이 있
습니다. 그러니 자기 비하적 시각을 가질 필요는 없을 것 같습
니다.

(2) 하지만 지난 10~20년을 놓고 생각해보면 이제는 무언가
전략적 대응도 필요할 겁니다. 한국의 전반적 과학기술 수준에
비해 저평가된 부분들이 분명히 있어 보이니까요. 못 받는 이유

에는 분명히 네트워크의 문제가 있습니다.

1980년대 이후 미국이 노벨상을 거의 독식하고 있고, 그중 40%는 유대계 학자들입니다. 미국에서 유대인 비율이 1.5% 미만이라는 것을 생각하면 오히려 쏠림현상이 큽니다. 이건 유대인들이 실제 뛰어난 역량을 가진 측면도 있지만 기존의 학계 네트워크에서 주축을 이루고 있기 때문이기도 합니다. 노벨상 추천위원들이 잘 알고 있는 학자들이 결국 추천될 확률이 높아지는 것이니까요.

결국 알려야 합니다. 이제는 그래도 10여 년 전에 비해 한국의 위상이 많이 올라가 가능성은 많이 높아졌다고 봅니다.

10년 전만 해도 스웨덴 사람들에게 한국은 입양아 양산국 정도였지만, 이제는 삼성이나 LG, 현대자동차 등을 이름은 들어본 정도가 되었습니다. 시간이 흘러 한류도 어느 정도 알려졌으니 한국이 과학도 좀 하나보다 하는 분위기가 나오기 쉬워졌을 것입니다.

(3) 우리가 강한 분야 자체가 노벨상에 없는 것도 이유입니다. 만약 정보통신상이 노벨상 분야 중에 있었다면 분명히 몇 개는 받았을 겁니다. 이런 연구가 기업적 연구라 노벨상을 못 받았다는 식의 해석은 필요 없습니다. 쇼클리나 바딘이 반도체로 노벨상을 받은 것을 생각해보십시오. 기본적으로 노벨상이 19세기말의 과학 분류법으로 만들어졌다는 것이 한 이유로 보입니다. 그렇다고 우리가 우수한 전자통신 인력들을 물리화학

분야로 억지로 몰아넣을 이유도 물론 없는 것이고요.

(4) 그런 전제하에 굳이 문제점을 생각해본다면, 전공 간 장벽 문제가 큽니다. 우리는 학과 간 장벽, 학교 간 장벽이 자연스러운 학문 간 교류와 다양한 경험을 제한하고 있습니다. 이 부분은 특히 한국 대학이 크게 혁신해야 할 부분이라고 생각합니다.

(5) 단기간 결과를 얻기 바라는 조급증 역시 큰 문제입니다. 기술을 도입하거나 추격하는 것은 짧은 시간이면 충분합니다. 하지만 과학기술의 창출에는 오랜 시간이 필요합니다. 문화적 인프라의 구축까지 생각하면 수십 년의 장기적 시각이 필요한 부분입니다. 10년 내로 새로운 반도체를 개발하자는 것은 멋진 목표지만 10년 내로 노벨상을 받도록 하자는 것은 이상한 슬로건입니다.

일본의 경우처럼 니시나 요시오가 코펜하겐 네트워크에 연결된 결과 유카와 히데키의 노벨상에 결정적 영향을 미쳤다고 할 수 있지만, 사실 인과관계도 애매하고 긴 시간 동안의 이야기이기도 합니다. 굳이 노벨상을 목표로 하지 않고 국가 내의 유무형의 과학 인프라를 체계적으로 구축하는 데 신경을 써야 합니다.

올림픽 금메달 숫자가 우리의 스포츠 수준을 보여주는 것은 아니듯 자연스럽게 결과로 노벨상이 나오면 박수를 쳐줄 일이지, 억지로 노벨상을 목표로 할 이유는 없어 보입니다. 과학의 발전을 남에 대한 과시적 용도로 바라보지 않았으면 좋겠습니다.

그리고 한번 노벨상이 나오면 힘을 얻고 꿈을 얻은 후학들에 의해 자연스럽게 노벨상이 지속적으로 배출되게 될 겁니다. 언제나 첫 단추가 어려운 것이지요.

Q

교수님의 수업을 들으면서 과학 분야에 대해서
도 알아야 할 필요성을 느꼈습니다. 필요성은
절감하지만 과학이 너무 싫은데, 쉽게 과학에 접
근할 수 있는 방법이 있을까요?

먼저 간단히 답하자면 절대 싫은데 억지로 공부할 필요는 없
습니다. 그런데 지금 내 강의가 과학에 관한 것인데 싫은가요?
(웃음) 자신이 공부할 과학의 범주를 좁게 잡지 말기 바랍니다.

질문자는 인문대학 학생인데, 질문의 맥락은 과학기술의 소
비자로서 알아야 할 상식적인 과학을 알아야겠다는 의지를 말
한 것일 겁니다. 이 경우 필요성을 절감한 부분까지만 하면 됩
니다.

원자가 중성자, 양성자, 전자로 구성되어 있다거나, 물이 H_2O
라는 것을 꼭 알아야 할까요?

칸트도 괴테도 그런 것을 몰랐지만 모두 훌륭한 삶을 살았습
니다. 중요한 것은 과학적 방법론과 합리적 사유법을 아는 것입
니다. 그것은 과학자가 아니어도 갖추어야 하는 덕목입니다.

그런 것을 알려줄 사례는 여러 가지가 있고 본인이 흥미를 느

낄 사례를 선택하면 충분합니다. 그리고 다시 말하지만 스마트폰 사용법을 배우거나 운전면허를 따는 것이 과학기술을 이해하는 것으로 착각해서는 안 됩니다. 그건 그냥 시대적 삶의 양식을 배우는 것일 뿐입니다.

과학뿐 아니라 생소한 학문에 쉽게 접근해가는 방법은 정해져 있습니다. 자기 수준에 맞는, 자기가 좋아할 만한 책이나 자료부터 읽어가는 것입니다.

예를 들어 진화론에 대한 책은 중고등학생용 책과 성인들을 위한 책, 어느 정도의 전문가를 위한 책들이 수준별로 많이 나와 있습니다. 물론 초등학생용 만화책도 있고요. 지역도서관에만 가도 상당수의 자료가 있을 겁니다. 내가 이해되는 책부터 조금 어려운 책으로 천천히 읽어나가면 충분합니다. 그렇게 진행하면 의외로 빨리 읽을 수 있을 겁니다. 그리고 개인적으로는 사람의 이야기부터 읽어보라고 권하고 싶습니다. 뉴턴을 알아야 만유인력이 친근해집니다. 동기부여에 가장 좋은 방법이라고 생각됩니다.

그리고 잘 알려진 양서를 읽는 것도 방법입니다.『코스모스』같은 책들이 유명한 것은 그만한 이유가 있기 때문입니다. 많은 사람들에 의해 검증된 책들을 믿어볼 필요도 있습니다.

수업을 듣다보니 과거에는 합리적으로 각 이론의 장점만 모은 절충형 이론이 현재의 관점에서는 전혀 인정받지 못하게 되는 경우가 있습니다. 그렇다면 현재 우리가 받아들이고 있는 과학은 정말 옳고 (미래의 관점에서도) 합리적인지 확인하는 방법이 마련되어 있는지 궁금합니다. 그리고 만일 그 방법이 없다면 우리가 그 현재의 과학을 그냥 받아들여도 되는지 질문하고 싶습니다.

질문 안에 답이 있는 것 같습니다. 미래에서도 올바른 과학 이론인지 현재 안다는 말 자체가 모순인 것 같네요. 그건 미래에 알게 되겠지요. 그런 것을 확인하는 방법은 당연히 없습니다. 그 말은 과학이 더 이상 발전할 필요가 없다는 말과 같을 것입니다. 당연히 현재의 과학을 그냥 받아들이지 않은 과학자들에 의해 과학은 끊임없이 발전해왔습니다. 앞으로도 그럴 것 같고요. 그런데 현재의 과학이 틀린지도 모르니 아무 의미가 없는 것 아니냐는 말은 아닐 것입니다. 예를 들어 맹장염을 치료하는 훨씬 좋은 비수술적 방법이 미래에는 개발될지도 모릅니다. 그렇다고 지금 맹장수술을 받지 않을 수는 없겠지요.

그러니 현재 과학을 받아들이되, 틀릴 수도 있음 또한 받아들이는 것이 올바른 태도겠지요.

현재 우리는 한 분야나 제한된 분야만 배우는데, 옛 학자들처럼 종합적(?)으로 배우는 것이 더 효율적인 것인지, 그런 교육을 하면 안 되는 것인지 궁금합니다.

현대사회가 고도로 분업화된 것은 정보의 양이 많아져서이니 분명히 어쩔 수 없는 부분이 있습니다. 내가 강조했던 것은 필요 이상으로 경직되어 있는 학문 분야 간 격리현상이 문제라는 것입니다. 그리고 학문의 세계에서 제대로 새롭게 혁신적인 돌파구를 만들어낸 사람들은 모두 융합적 시도를 했다는 점입니다.

물리학, 생물학, 국어국문학 모두 융합학문입니다. 그렇게 느껴지지 않는 것은 융합된 지 오래 지나서이기 때문일 뿐입니다. 그러니 오늘날에는 현재에 필요한 융합을 행하면 되는 것입니다. 설대 한 사람이 알아야 할 정보의 양을 늘여야 한다는 취지가 아님을 분명히 해둡니다. 제대로 자기 분야의 돌파구를 만들어내기 위해서는 학과 전공이라는 벽을 넘어설 수 있어야 한다는 점이지요.

Q

아인슈타인이 천재적인 업적을 내기까지 그의 천재성에 기여한 것은 단순히 개인적인 역량 때문이었을까요? 그는 그저 지적인 유희로서 과학을 연구했던 것일까요? 혹은 인류에 공헌하고자 하는 커다란 대의나 구도자적 자세로 연구에 몰입했던 것일까요? 그의 동기부여는 무엇이었을까요? 무엇이 그를 열정적으로 만들었을까요?

더불어 거대과학의 시작이 상대성이론과 양자역학이 만들어진 이후라면, 오늘날 아인슈타인과 같은 한 명의 스타과학자(독립 연구자)가 탄생할 수 없는 이유도 단순히 과학이 과거에 비해 복잡해지고 세분화되어서인가요? (지식의 폭발적 증가 때문?)

의미심장한 종합적 질문이 나온 것 같습니다. 여러 번 말한 대로 과학적 업적은 개인과 사회의 공동작품으로 해석하는 것이 옳을 것입니다. 예를 들어 진화론은 다윈 개인의 역량과 대영제국이라는 시대환경의 결합이라고 볼 수 있고, 1960년대 인류의 우주개발과 달 착륙은 분명히 세계대전의 결과로 나타난 과학기술과 냉전이라는 시대환경과 상관있습니다.

아인슈타인의 업적은 위대한 지적 열정의 결과물로 봐야 할 것입니다. 인류에 대한 구도자적 자세보다는 말 그대로 지혜에 대한 사랑이 우선했습니다. 그리고 나는 그런 태도가 '그저 지적인 유희로서' 정도의 어법으로 표현되기에는 너무 훌륭한 태도라고 생각합니다.

동시에 아인슈타인은 원폭의 폭발에 책임이 있다는 죄책감에 고통스러워했고, 평화운동을 벌였으며, 반핵운동에도 동참했습니다. 열혈의 혁명투사는 아니었지만―그럴 이유도 없고―사회적 책임감을 분명히 느끼고 있는 지식인의 모습 또한 보여주었습니다.

이런 유형의 질문에 제가 좋아하는 비유가 있습니다. 과학자는 소방관에 가까울까요? 가수에 가까울까요? 이 질문의 의미는 사명감으로 과학을 하는 것인지, 좋아서 과학을 하는 것인지에 대한 것입니다.

누구도 불 끄는 게 '너무 좋아서' 소방관이 되지는 않을 것입니다. 누군가가 반드시 해야만 일이기 때문에 소방관이 됩니다. 상력한 사명감에 기반한 직업이지요.

한편 너무너무 노래가 부르기 싫지만 사람들이 기뻐해주니 할 수 없이 '사명감으로만' 노래를 부르는 가수는 없을 것입니다. 분명히 노래가 좋으니 가수는 선택하는 직업입니다.

그런 면에서 뚜렷이 차이가 있는 직업입니다.

질문에 답을 하라면 물론 두 경우가 다 존재합니다. 아인슈타인은 분명히 가수에 가깝습니다. 하지만 그것이 그에 대한 존경이 부족해야 할 이유는 절대 아니겠지요. 한편 퀴리부부는 소방관 쪽에 가깝습니다. 어떤 고난과 역경이 있더라도 인류를 위해 난관을 헤쳐 나가는 '의무의 인간'이었습니다.

하지만 아인슈타인도 인류에게 분명하게 유해한 연구를 시작했을 사람이 아니며, 퀴리부부도 과학 자체가 주는 지적 만족감이 없었을 리 없습니다. 과학에의 열정은 지적 호기심과 사명감이라는 두 가지 태도가 공존한 결과라고 봐야 옳을 겁니다.

그리고 20세기 후반 이후 현대과학의 스타일에 대한 질문을 생각해보겠습니다.

오늘날 스티븐 호킹도 홀로 연구하는 스타과학자입니다. 현대에도 아인슈타인 스타일이 없는 것은 아닙니다. 하지만 현대는 분명 유행하는 과학의 일반적 스타일이 바뀐 것은 분명합니다. 거대화의 결과 집단연구가 일반화되었고, 단일한 천재학자의 이름만으로 대표되는 연구업적들은 뚜렷이 줄어들었습니다.

비유컨대, 축구나 야구는 팀워크가 아주 중요하고, 수영이나 피겨는 홀로 나아가는 고독한 스포츠입니다. 다른 스포츠이기에 당연히 룰이 다르고 바람직한 롤 모델에 차이가 있을 수 있습니다. 그리고 인기 있거나 유행하는 스포츠는 시대와 지역에 따라 바뀌기 마련입니다. 과학도 마찬가지지요. 자신이 하고 싶은 학문을 찾고 그에 맞는 롤 모델을 설정하고 룰을 익히는 과정이 중요합니다. 오늘날의 과학이 수영이나 피겨보다는 야구나 축구에 가까워진 것은 사실이지만, 그것이 스타과학자가 나타날 수 없는 이유로 보기는 힘들 것 같습니다.

Q

수업을 듣고 한 줄 질문을 듣다보니 효과적으로 질문하는 방법을 배워야 할 것 같습니다. 효과적으로 질문하는 방법이 있을까요?

질문하는 방법은 초등학교 때 잘 가르쳐줍니다. 모두가 잘 아는 대로 6하 원칙만 떠올려도 어느 정도 그럴 듯한 질문이 됩니다. 덧붙여 역시 뻔한 얘기를 한다면, 깊게 생각하고 다독(多讀)하라는 겁니다. 아는 만큼 질문은 나옵니다. 또 원론적인 답을 해줄 수 있겠는데, 결국은 시간의 투자라고 봅니다.

질문을 잘하는 다른 왕도는 없습니다. 계속 배우고 질문을 계속해보는 것입니다. 이 질문처럼 지금까지 배우고 나니 조금은 질문을 다르게 해야겠다는 생각이 들지 않았습니까? 독서법이 독서하면서 생기듯, 질문법도 질문하다보면 생깁니다.

아인슈타인은 단순히 엉뚱한 생각에 의해 상대성이론을 밝혀낸 것이 아니라 독일 학문의 전통에 노출되어 자연스럽게 이론을 만들어갔다고 하셨는데, 우리나라도 아인슈타인 같은 과학자를 배출하기 위해서는 교육제도를 어떻게 고쳐야 할까요?

이제는 내가 교육부 장관이 되어야 할 것 같습니다. (웃음) 최소한의 것만 얘기해보겠습니다. '스펙 경쟁은 분명히 아니다.'라고 말할 수 있습니다. 학문에 제대로 심취하려면 쉬고, 여유를 가지고, 정답을 향해 나아가는 재미를 느껴야 합니다. 사실 모두 아는 얘기지요? 답은 특별할리 없습니다.

그리고 아인슈타인이 독일교육에 반감이 강했다는 것도 생각해보기 바랍니다. 당시 독일 교육제도와 교육방법론이 우수했다기보다는 독일이 이미 쌓아놓은 학문의 깊이 자체가 상당했다고 볼 수 있는 것입니다. 또한 교육제도에는 반감이 많았어도 그런 문화적 전통에는 아인슈타인이 매력을 느낄 수 있었던 것이 더 중요하겠지요.

"우리나라도 아인슈타인 같은 과학자를 배출하기 위해서는 교육제도를 어떻게 고쳐야 할까요?"

저 같은 경우는 수능 때 선택과목으로 지구과학
을 전공했지만 케플러의 법칙을 단순히 식으로
만 배워서 이런 수학적 탐미성과 신비주의적 철
학들이 개입했던 결과라는 것을 처음 알았습니
다. 비판 없이 받아들였던 것에 대해 많이 다시
생각해보게 되는 것 같습니다. 감사합니다.

나도 고맙습니다. 인사말을 이렇게 명확한 사례를 통해 해주
면 나도 보람과 함께 어떤 부분이 학생들에게 도움을 줄 수 있
는지 구체적으로 알 수 있어서 좋은 것 같습니다.

『도쿄대생은 바보가 되었는가』라는 책의 저자는 도쿄대생의 일반 교양 수준뿐만 아니라 지적 수준, 가령 이과생들이 지구의 둘레길이조차 모를 정도로 대학생들의 수준이 떨어진다고 말하는 것을 보았습니다. 교수님은 한양대학교 학생들의 지적 수준에 대해 어떻게 생각하시는지 궁금하고, 지금처럼 교양학부 제도를 운영하는 것에 대해 긍정적이신지 궁금합니다.

아주 엄청난 질문이네요. 역시 뒤부터 답해본다면 교양학부가 필요한가 필요 없는가에 대해서는 일단 그 교양학부가 제대로 된 수준의 교육을 하고 있는가의 문제겠지요. 그래야 답이 나올 겁니다.

즉 제대로 된 교육이라면 제대로 된 난이도가 발생할 겁니다. 그런데 오늘날 교양수업은 쉽게 학점을 받는 수업, 또 그래야만 하는 수업이라는 분위기가 있습니다. 취업하기도 힘들고 전공수업 듣기도 힘든데 교양이 왜 보고서를 두 개나 요구하느냐 같은 말들 많이 들어봤을 겁니다. 그런 취급을 받는 교양이라면 없는 것이 좋습니다.

그리고 기업가들의 말을 들어보면 요즘 대학들이 기업들이 바로 활용할 수 있는 인재를 만들지 못하고 있다는 얘기도 듣습니다. 그래서 대학교육을 개혁해야 한다고요.

후안무치하고 무식한 얘기입니다. 그렇다면 기업들이 바로 활용 가능한 인재를 대학이 만들어낸 적이 언제이며 지금 어느 나라 대학이 그러고 있는지 묻고 싶습니다.

그렇게 하지 않는, 특히 고도의 인문학적 교양을 교육하는 대학들을 우리는 명문대학이라 일컫습니다.

바로 써먹을 인재를 만들어내는 것이 올바른 고등교육입니까? 바로 써먹을 인재를 만들라는 것은 바로 써먹고 버릴 인재를 만들라는 말에 불과합니다. 기업이 써먹을 인재는 당연히 기업이 월급 주며 신입사원 교육을 통해 만들어야 옳은 겁니다. 대학은 기업과 직업을 옮겨 다니면서도 잘 적응할 수 있는 평생의 역량을 길러줘야 하는 곳입니다.

그런데도 이런 황당한 말들이 회자될 수 있는 이유는 낮은 경제성장률, 80%가 넘는 대학진학률, 인구감소 등의 영향으로 일자리가 턱없이 줄어든 상황과 맞물리는 것입니다. 기업의 발언권이 높아지면서 등록금을 들여서 겨우 특정 기업에서 필요로 하는 역량이나 쌓으라고 대학을 보내는 분위기가 되고 만 것이 오늘날 교양교육의 비극을 낳고 있습니다.

이런 분위기 자체가 질문한 변화의 원인입니다.

그 결과 솔직하게 분명 현재 많은 학생들의 전반적 지적 수준이 떨어져 있음은 피부로 느낍니다. 그것은 학생들의 잘못이 아니라 그런 상황을 강요하고 있는 사회시스템의 문제가 큽니다.

하지만 그대로 내버려둬서는 안 되고 따라서 올바른 교육을 하는 교양학부의 존재는 너무나 필요하다고 대답하겠습니다. 대학이 기업이 바로 써먹을 수 있는 인재를 만들지 않았기 때문에 사회는 발전해왔습니다. 대학은 특정한 회사를 다니는 방법이 아니라 다양한 상황과 직업에 대처할 수 있는 인재를 길러내야 하고, 현재 기업의 주가를 올리는 방법이 아니라 미래적 가치를 찾아낼 수 있는 인재를 만들어야 합니다.

혁신을 만들기 위한 여유는 잊어버리고 문제가 생기지 않기만을 바라는 대응법은 이미 패배를 늦추는 방법일 뿐입니다. 결코 승리할 수 없습니다. 2세기 로마가 그랬습니다. 결국 천천히 멸망했고요. 현재 상황은 마치 수학여행 사고를 줄이는 방법을 연구하라고 하면 수학여행을 없애버리는 대응으로 일관하는 형국이 되고 있습니다.

스펙으로 사람을 뽑고, 논문의 질을 보지 않고 논문 편수로 학자를 판단하는 문제들은 이미 우리가 다 알고 있는 것이고, 그것은 어려워진 지금의 경제사정과 상관있습니다. 꽉꽉해진 삶 속에서 먼 미래에 대한 대비는 사치로 느껴지는 거지요. 하지만 그 먼 미래는 곧 가까운 미래가 됩니다. 단기적 대응에 치중한 나머지 실제 경쟁력을 끝없이 갉아먹고 있는 현실을 개혁할 수 있어야 합니다. 그 힘을 길러주는 것이 '교양'이라면 반드시 투자되어야 하는 것 아닐까요?

최근 '문과' 전공자의 취업난이 상당히 심각합니다. 특정 기업에서는 공채를 할 때 이공계 전공 학생만 지원을 하게끔 공고를 내기도 한다고 합니다. 이런 현실에서 문과 전공자가 취해야 하는 대안은 무엇이라 생각하시는지요? 다중전공, 복수전공을 통해서라도 이공계열 전공학습을 해야 하는 것인가요? 이대로 인문사회계열 전공은 대학에서 그 존재의미가 없어지고 마는 것일까요?

일단 다중전공이나 복수전공을 권장하지 말아야 할 이유는 없습니다. 문제는 그것이 '강요'되는 분위기가 적절한가에 있을 것이고, 인문사회계열 전공자는 줄어들 수는 있어도 절대 없어질 수는 없을 겁니다.

한 가시 첨인하지면 옛날에는 대학에 본래 문리과 대학이 있었지요. 오늘날의 인문대학과 자연대학이 합쳐진 것이라고 보면 됩니다. 본래 먹고 사는 것과 상관없는 전공으로 이해되었습니다. 순수학문이었고 당연히 직장과는 거리가 멀었습니다. 언제나 취업위기지만 또한 언제나 전공자들이 있었습니다. 동시에 다들 결국 취업할 수 있었고요. 이유는 두 가지가 있습니다. 일단 대학을 다니면 일단 지식인입니다. 당연히 기업들이 뽑아 쓰는 사람들이었습니다. 그리고 한국의 경제성장률은 기본적으로 5%는 넘던 시절입니다. 일자리는 계속 늘어나고 있었으니 학력에 무관하게 먹고 살 길은 언제나 있었습니다.

결국 이걸 뒤집어보면 현재 상황이 발생한 이유가 됩니다. 대학생 증가와 취업률의 저하가 맞물린 결과입니다. 대학에 대한 대접이 바뀌었고 취업의 가능성 자체가 바뀐 것이 문제이지 인문계에 대한 대접이 바뀌어서가 아니라는 것이죠. 인문계열은 본래 취업이 힘든 줄 알고 가는 전공이었습니다.

한국에서 학생들이 이공계로 진학해 공부를 하는 목표로는 후에 의학대학원에 가기 위해서가 큽니다. 실제로도 의대는 현재 대한민국에서 공부 좀 한다는 사람들이 주로 가게 되는데 이런 현상은 대한민국 과학발전에 치명적인 것 아닙니까? 어떤 해결방안이 있을까요?

분명하고 당연하게 뛰어난 학생들이 의대로만 몰리는 이런 분위기는 과학발전에 장애요인입니다. 그런데 이 현상은 사실 세계적 현상이기도 합니다. 지금 대부분의 선진국에서도 이공계 전공자는 줄어들고 있고, 똑똑한 학생들은 돈이 몰리는 경영 계열이나 법학, 의학 등의 전문직에 몰려가고 있는 것이 어느 정도 현실입니다. 이공계열 비중과 인기가 높은 나라는 대부분 중국과 인도 같은 개발도상국가들입니다. 그리고 시장을 갖춘 선신국이 이런 인력을 흡수하는 현상도 꽤 오랜 기간 진행되고 있습니다. 인도 출신 프로그래머들이 실리콘 밸리에서 많이 일하고 있는 사례들은 전형적인 경우로 볼 수 있습니다.

내가 보기엔 현대문명 전체가 '과학에 지쳐 있다'고 보입니다. 이제는 SF 영화보다 좀비 영화나 마법 영화가 더 인기 있는 것이 그런 현상의 하나라고 생각됩니다. 특히 선진국 반열에 들어간 국가들은 거의 예외 없이 어느 정도 이공계 기피 현상이 발생합니다. 도달해야 할 목표를 잃어버리니 조금 더 편하고 싶은 심리의 반영인 셈이지요. 한국에서는 거기다 IMF 이후 평생 직장 개념이 사라지고 직업안정성까지 없어지니 너도나도 의대 등의 전문직종으로 쏠림현상이 훨씬 심화된 것으로 볼 수 있습니다.

한 마디로 일단 현대문명이 일단 과학에 지쳤고, 직업안정성과 수입에 치중하는 사회 분위기가 팽배해 있다는 것이 문제로 요약될 수 있습니다. 그리고 그 해법을 찾기도 분명히 쉽지 않습니다. 고용안정성을 높이고, 즉 직업의 지속가능성을 높이는 것이 필요하다는 당연한 해법은 이야기할 수 있겠지만, 이런 변화는 분명 어려운 것이 현실입니다.

하지만 그럼에도 긍정적인 사실을 하나 덧붙일 수 있을 것 같습니다.

갈릴레오나 다윈, 멘델레예프 등 많은 과학자들이 다 의대에 갔다가 전공을 바꾼 케이스들입니다. 예로부터 의사는 대접 받는 직종이었습니다. 그러니 매력적인 직업이었음에도 많은 과학자들은 안정적인 의사로서의 길을 버리고 과학자의 길을 갔습니다. 과학의 위상이 높지 않았을 때도 과학을 하고자 하는 사람들은 언제나 있었고, 실제로 많은 업적을 만들어냈습니다. 지금은 최소한 19세기까지의 상황보다는 분명히 과학자가 높은 대접을 받고 있고, 숫자도 훨씬 많습니다. 그러니 과학발전의 동력 자체가 과거보다 약화되었다고 볼 필요는 없을지도 모릅니다.

내가 보기엔 과학의 전공자 수보다 중요한 것은 과학 자체에 대한 관심과 대접입니다. 과학자들의 직업적 안정성, 긴 시간의 연구를 기다려줄 여유 같은 것 말입니다.

Q

물리학과 학생입니다. 수학과 물리에 대한 천재성이 없어도 물리학을 직업으로 삼을 수 있을까요? ^^;

일단 질문한 학생이 천재성이 없는 건지, 아직 자기 천재성을 못 찾은 건지는 판단하지 않겠습니다. 하지만 천재는 천재로서, 범재는 범재로서 조금 더 좋은 선택이 분명히 있습니다. 물리학 내에서도 분명히 그럴 것이고요.

그리고 학과 전공과 직업은 1:1 대응 하는 것이 아닙니다. '물리학을 직업으로 삼는다'라는 표현은 재고의 여지가 있습니다. 내가 아는 한 학술적 깊이가 있는 분들은 학부전공이 역사, 철학, 물리학, 수학 같은 경우가 많았습니다. 학문하는 법을 잘 가르쳐주는 근본적 분야니까요. 그러니 본인이 물리학을 하는 자체에 문제가 있지 않을까라는 생각은 할 필요가 없을 듯합니다.

인문사회계열 출신의 과학철학 연구자와 이공계
출신 과학철학 연구자들 사이에 존재하는 시각
이나 경향 차이가 궁금합니다.

이건 상당히 연구해볼 만한 주제 같습니다. 그런데 솔직한 현
황을 말한다면 과학철학을 하는 분 중 순수한 인문계열 전공자
는 많이 보지 못한 것 같습니다. 어느 정도 이공계열 분야에서
경험을 쌓은 분들이 과학철학을 하는 경우가 많습니다. 아무래
도 과학의 내부에서 활동한 경험이 동기부여를 해주기 때문이
겠지요. 이과 전공자가 문과로 가는 것은 꽤 볼 수 있지만 문과
전공자가 이과로 옮기는 경우가 극히 희박한 것은 사실이니까
요. 기본적으로 진입장벽이 높기 때문이 아닌가 합니다. 의사가
가수가 되는 경우는 떠올리기 쉽지만 가수가 의사가 되는 사례
는 쉽게 상상되지 않는 것과 비슷합니다.

Q

철학에 대해서는 그동안 생각해본 적도 없고 딱
딱하다고만 생각했는데, 어떤 생각이 철학적인
것인가요?

철학이란 단어를 너무 어렵게 생각하지 말기 바랍니다. 우리
는 사실 언제나 철학합니다. 모든 생각이 철학적인 것입니다.
올바로 생각하자는 것이 철학입니다. 말 그대로 지혜에 대한 사
랑이 철학입니다. 굳이 더 얘기하자면 나의 이해득실을 떠나 오
로지 옳은 것을 찾는 과정이 철학하는 것이겠지요. (웃음)

교수님이 말씀하신 '거대과학의 시대에는 지원을 받기 쉬운 특정 분야가 비대하게 된다'는 것이 순수과학으로 갈 인재가 응용과학으로 흡수되는 현상을 의미하는 겁니까?

그것을 포함하는 것으로 봐야 합니다. 그리고 그것 이상입니다. 예를 들어 1960년대 인류는 아폴로 계획으로 인간을 달에 보내는 데 성공했지만, 그 시기 해양기술의 발전은 크게 정체되었다고 볼 수 있습니다. 모두 다 응용기술이지만 역시 발전 속도에 큰 편차가 존재했던 것이지요. 한정된 자원이 불균형하게 배분된 자명한 결과입니다.

그러니 실제 필요한 것은 순수과학과 응용과학의 분류를 떠나, 각 분야에 자원의 적절한 배분이 필요한 것이고, 이를 위해서는 상명하달식의 연구가 아니라 분야별 자율성이 확보될 수 있는 연구전통의 확립이 선행되어야 할 것입니다.

어니스트 러더퍼드의 캐번디시 연구소는 양자역
학 이후 과학의 연구풍토가 고도의 수학으로 변
해감에 따라 밀려났다고 배웠습니다. 그렇다면
수학적 연구방법론 자체의 한계는 무엇이며, 뉴
턴 역학을 상대성이론이 밀어냈듯 다른 어떠한
방법론이 수학적 연구 방법론을 밀어낼 가능성
을 어느 정도로 보십니까?

또 엄청난 질문이 나왔습니다. (웃음) 일단 러더퍼드가 수학
을 안 쓴 것은 결코 아니지요. 러더퍼드가 깔끔한 원자핵 모형
들을 만들던 시기에서 양자역학 이후 '형이상학' 같아 보이는
이론으로 옮겨가던 과정을 좀 더 정확히 표현해본다면 '기하학
적 모델링에서 추상적 수학으로' 변했다고 표현할 수 있을 겁니
다. 즉 기하학적 방법론이 난해한 대수학으로 바뀐 것이고, 이
것은 상대성이론이나 양자역학의 4차원이니, 5차원이니, 확률
이니 하는 것들을 머릿속에 그릴 수도 이해할 수도 없으니 어쩌
면 당연한 변화일 것입니다.

수학 자체는 과학의 기반입니다. 즉 과학에서 수학은 밀려나지 않을 것입니다. 단 그 수학에 '유행'이 있다고 봐야 합니다. 예를 들어 통계학이 중요해진 것은 19세기의 일이고, 비유클리드 기하학은 수학에서 19세기에 나왔고 물리학에서 중요해진 것은 20세기지요. 아인슈타인은 일반상대성이론에서 텐서를 썼고, 하이젠베르크는 자신의 핵심이론에 행렬을 사용했습니다. 분명히 물리학에서 사용하지 않던 순수수학들이었는데 말이죠. 호킹은 자신의 무경계 우주론을 설명할 때 복소수를 사용해서 허수 시간축을 도입하기도 했고요. 예전 같으면 상상 못할 형태로 수학적 방법론을 계속해서 바꿔가며 과학은 발전하는 셈입니다.

융합은 단순한 섞음이 아닙니다. 영어만 하지 말고 중국어도 해라? 그게 무슨 융합입니까? 그런 것은 융합이 아닙니다. 많은 이들이 융합이란 1+1이니 2라는 지식의 양이 필요할 거라는 오해를 합니다. 절대 그렇지 않습니다. 융합을 방해하고 있는 것은 행정적 구분, 그로 인한 이해 집단들의 알력, 우리의 선입견뿐입니다. 그리고 위로부터의 '억지로 융합'이 만들어내는 부작용들이 문제인 것입니다. 갑자기 융합이 유행인 것처럼 언론이나 정부, 기업에서 호들갑스럽게 떠들어대니 학생들이 오해하게 되는 것이라고 생각합니다. 융합은 언제나 해오던 것입니다. 제가 주장하는 것은 아주 쉽게 뻔히 시도해볼 수 있는 것조차 못하는 것으로 인식하는 분위기 자체의 문제가 아주 크다는 겁니다. 학과 이기주의, 스펙 개념 같은 것으로 억지로 억압하지 않으면 자연스럽게 이루어지는 것이 융합입니다. 새로운 노력을 더하라는 것이 아니라 필요 없는 고정관념의 장벽을 부수라는 것일 뿐입니다.

후
기

Q   교수님의 한 줄 질문은 앞으로도 이어질 텐데요. 수업
시간에 한 줄 질문을 계속해줄 학생들에게 하고 싶은 말씀이 있
으시다면요?

A   한 줄 질문에는 숨은 목표가 있습니다. 나는 학생들이
질문을 제대로 해내는 것이 어렵다는 것을 알기 바랍니다. 자신
이 한 질문의 특정 부분 자체가 비논리적이거나 무의미하다는
것을 느낄 수 있을 때 비로소 논리적 사고, 과학적 사고라는 것
이 시작될 수 있습니다. 사실 그 과정을 겪어보는 것 자체가 아
주 중요하다고 봅니다. 그래서 가끔은 조금 차갑게, 아프게, 쓰
리게 말해주기도 합니다. 물론 학생의 신분은 밝히지 않고서요.
  또 한 줄 질문 을 살펴보다 보면 감탄을 자아내는 탁월한 질문
들도 있지만, 그렇게 오랜 기간 책을 읽고 열심히 공부해서 대
학에 온 학생들의 질문이라고 보기에는 실망스러운 경우도 분
명히 있습니다. 때로는 그 정도가 심해서 질문에 나타난 일그러

진 세계상과 가치관에 당혹하게 되는 경우들도 있습니다. 이런 유형의 질문이 나오는 이유는 무엇인가 편향된 환경에서 왜곡된 시대상을 교육받으며 성장했기 때문이 아닐까 추측합니다. 스스로를 위해 자기 세계의 좁음을 인정해야 합니다. 내 경험이 아직 협소함을 인정하지 않는 느낌의 질문을 볼 때 많이 안타깝습니다. 학생들은 자신이 불과 20년 정도를 살아오면서 겪었던 세계보다 실세계는 훨씬 넓고 역동적이고 다양한 곳이라는 것을 받아들일 필요가 있습니다. 그것이 젊은이의 기본적인 태도일 것입니다. 단언컨대 이 정도면 내가 세상을 어느 정도 안다고 생각하는 사람은 이미 늙어버린 사람입니다. 자신의 성장 가능성을 한계 짓고 자기 행복의 총량을 줄이게 될 사고법과 결별하기 바랍니다.

그리고 과학과 학문에 대한 제 입장과 견해도 조금 정확히 설명해둘 필요가 있을 듯합니다. 현대 과학은 인류에게 자신감보다는 겸손함을 요구하고 있다는 것이 내 강의의 취지 중 하나입니다. 상대성이론과 양자역학 등의 결론들을 살펴보며 단일하고 간결한 정답을 찾는 것만이 능사가 아님을, 현상에 대한 다양한 설명이 가능함을 이해하기 바라는 것입니다. 하지만 그것은 과도한 상대주의를 의미하는 것은 결코 아닙니다. 결국 옳은 것이 무엇인지는 알 수 없는 것이라거나 과학이 한계가 있으니 다른 지식들과 비교해 별다를 것 없다는 입장을 표현한 것은 절대 아닙니다. 그런데도 내 강의를 자꾸만 그렇게 받아들이는 경우를 볼 때마다 현대 중등교육의 폐해의 한 단면을 봅니다. 단일한 답에 익숙해져 있어서, '단일한 답이 나오지 않는 것은 별 것 아니다'라는 생각을 암묵적으로 가지고 있는데도, 본인 스스로가 그렇다는 사실조차 모르는 경우가 있습니다. 과학의 '다양성'은 과학의 한계가 아니라 과학의 멋진 매력 중 하나입니다.

또한 같은 맥락에서, 과학적 설명이 시대에 따라 바뀌어왔고 한 가지 입장을 절대적 옳음으로 선택하는 것을 차분히 유보하는 태도는 진리추구에 대한 포기를 의미하는 것이 아닙니다. 그럼에도 또 어떤 학생들은 그런 태도를 '내가 사랑하는 잘나가는 과학'에 쓸데없는 시비 걸기나 하는 인문학자의 부정적인 과학관인 양 이해하기도 합니다. 과학에 대한 열정을 약화시키고 과학의 위상을 평가절하하게 될 것으로 보기도 하고요. 아주 재미있는 완벽한 오해입니다. 내가 과학의 특별함을 믿지 않았다면 왜 과학사를 공부했겠습니까? (웃음) 과학을 사랑한다면 과학을 올바로 알기 위해 노력해야 할 것입니다. 내가 '믿고 싶은 과학'이 아니라 과학의 본래 모습을 사랑해야 할 것이고요.

조금 쉽게 예를 들어보겠습니다. 우리는 성장하면서 '우리 아버지가 세상에서 가장 잘생긴 사람'이라거나 '제일 똑똑한 사람'이라는 생각을 철회하는 때가 옵니다. 하지만 그 변화가 '내가 가장 존경하는 사람이 아버지'라는 생각을 약화시키는 것은 결코 아니지 않습니까? 아버지의 인간적 한계와 고뇌를 이해해 가면서 그럼에도 가족을 위해 많은 것을 희생한 아버지의 삶을 직시하면서 오히려 아버지에 대한 존경심은 강화되어갈 수 있습니다. 그리고 그것이 어른이 된 뒤 아버지에 대해 가져야 할

자연스러운 존경심일 것입니다. 마찬가지로 '어른의 과학하기'
는 '어린이의 과학하기'와는 분명히 조금 달라야 합니다. 그리
고 그것이야말로 과학에 대한 더 강력한 열정으로 연결될 수 있
을 것이라고 생각합니다.

나태주 시인의 시 〈풀꽃〉에 '자세히 보아야 아름답다. 너도
그렇다.'는 시구가 있지요. '너도 그렇다'는 문장은 '과학도 그
렇다'로 바꿔도 성립합니다. 박노해 시인의 시구에는 '흔들리지
않고 피는 꽃이 어디 있으랴.'는 부분이 나오지요. 학문도 과학
도 그러하며, 그래서 아름다운 것입니다.

또 하나는 자꾸만 우와 열을 찾으려 하지 말고 다양성으로 세
상을 바라보라고 조언하고 싶습니다. 어떤 회사들이 개발한 특
정 반도체나 휴대폰을 비교하는 것이라면 분명 '승패'나 '우열'
을 나눌 수 있습니다. 일단 같은 목표를 가지고 있고—이를 테
면 더 많은 제품을 판매한다든가, 더 고화질이거나, 더 용량이
많거나, 처리속도가 빠르다든가 하는—분명 비교 가능한 성능
의 차이가 있으니까요. 하지만 목표 자체가 다른 분야에서 우열
을 따지는 것은 어리석은 일이 됩니다. 수영선수에게 피겨스케
이팅을 못 하느냐고 묻는 것이 우스꽝스러운 것처럼요. 왜 동양
은 서양처럼 과학기술을 발전시키지 못했느냐고 묻는 것도 마
찬가지 질문입니다. 본문에서 이미 언급한 바 있지만 동양과 서
양은 그냥 달랐을 뿐입니다. 동양문명이 서양문명에 비해 열등
하다는 전제를 깔고 있는 유형의 질문들은 현재 한국교육의 문
제점을 다시 상기시켜줄 뿐입니다. 역사, 양성평등, 직업관 등

에 대한 질문을 들을 때마다 어느 쪽이 더 옳거나 좋으냐의 우열을 나누어야 한다는 의식이 저류하고 있음을 느끼는 경우도 종종 있습니다. 어떤 목표를 이루는데 더 좋은 방법을 찾을 필요는 분명히 있지만, 그것은 목표에 합의한 이후의 일입니다. 우리는 모든 문제에서 비교의식을 가질 필요는 없다고 조언하고 싶습니다. 먼저 질문되어야 하는 것은 과연 그것이 비교되어야 할 가치가 있느냐일 겁니다. '동양인쇄술은 왜 대량생산을 목표로 하지 않았나요?' 같은 질문은 '거북선에는 왜 미사일이 없었나요?' 같은 유형의 질문입니다. 이런 유형의 질문 자체가 우스꽝스럽다는 것을 이해할 때 학생 여러분들의 사유는 더 넓은 것을 향할 수 있습니다.

공통점을 꼽아보니 모두 '여유 있는 다양성'으로 연결되는군요. 내가 하고 싶은 말은 그 정도였습니다. 짧은 수업시간으로 인해 엄밀하고 긴 답을 주지 못했던 것에 대한 벌충도 이 책을 통해 하고 싶었고, 이 책으로 이런 입장들을 엄밀히 정리하는 좋은 기회가 주어진 것 같습니다.

책을
마치며

2010년 '혁신과 잡종의 과학사' 강의를 시작할 때였다. 어느 날인가 날아온 한 학생의 메일에 내가 '전혀 모르는' 그러나 분명히 답이 있을 서양 고천문학에 대한 질문이 나왔다. 몇 주를 기다려 관련 학회가 열렸을 때 전공자분을 만나 여쭙고 답을 알아냈다. 그분은 반 농담으로 "이걸 자네가 알면 이제 한국에서 이 내용을 아는 다섯 명 안에 들 거야"라고 덧붙이셨다. 그 뒤 수업시간에 정확한 답을 학생에게 전달할 수 있었을 때의 성취감은 인상적인 기억으로 남아 있다. 나 역시 "이제 이 사실을 대한민국에서 아는 사람이 두 자리 수가 되었습니다"라고 농을 했다. 이처럼 어디로 튈지 모르는 학부생들과의 대화는 언제나 나를 긴장시키며 생동감을 주었다. 그러다 보니 이제 한 줄 질문을 다루는 시간은 내 생의 일부가 됐다.

중간과 기말시험 2주 전, 한 줄 질문을 받는 주간이면 필자의 주말 일정은 대동소이하다. 오전에 한 줄 질문지들과 색 볼펜을 가지고 동네 커피숍으로 이동한다. 끼니를 때울 가벼운 먹거리들도 준비해 가서 한나절쯤 진을 칠 준비를 한다. 밍밍한 아메리카노를 시켜놓고 휴대폰을 끈다. 질문의 세례를 받을 준비를 그렇게 마친다. 그리고 학생들의 질문 100~200여 개를 천천히 읽으며 생각해본다. 다음 주에 어떻게 대답해줄까 고민하면서 학생들과 가상의 대화를 나눈다. 이 행복하고 고즈넉한 시간 속에서 나누는 학생들과의 대화, 엉뚱하고 기발한 질문과 발상들은 내 논문과 글에도 미묘하게 영향을 미치곤 한다. 때로는 내가 이런 생각들로 가득 차 있던 시절이 분명이 있었는데 하는 생각이 들면서 지금 무언가 중요한 것을 놓치고 있지는 않은지 되돌아보는 시간도 된다.

학생들의 고민은 치열하다. 그리고 그 고민은 결코 세속적이고 계산적이기만 한 것이 아니다. 가능성으로 충전되고, 순수한 지적 호기심으로 무장하고, 올바른 삶에 대해 고민하는 질문들을 만날 때면, "젊음은 젊은이가 가지기에는 너무나 찬란하다"고 했던 어느 명사의 말이 떠오른다. 그런 젊은이 수백 명의 생각들이 매년 나를 스치고 지나가는 것이다. 그 젊은 글들 속에서 나는 잠시 나의 20년 전으로 돌아가기도 하고, 코페르니쿠스, 뉴턴, 아인슈타인과 대화를 나눠보기도 하며, 이 젊은이들이 내 나이가 되었을 때가 기다려지기도 한다.

질문들 속에서 나는 과거, 현재, 미래를 모두 만난다. 과목의 특성상 질문은 '과학'에 대한 것이 가장 많았지만 곧 그 질문은 학문에 대한 것이 되고 인생에 대한 것이 되었다. 이 시간들은 내게 '가르치는 것이 가장 빠르게 배우는 방법이다'라는 것을 제대로 깨닫게 해준 시간이었다. 이 책은 사실상 학생들과의 '공저'라고 생각한다. 필자의 답은 짧은 소견에 불과할지라도 이 시대 젊은이들의 생생한 질문들이 이 책의 가장 큰 가치가 되어주리라 믿는다.

2017년 1월

남 영

젊은 과학도를 위한
한 줄 질문

1판 1쇄 찍음 2017년 1월 5일
1판 1쇄 펴냄 2017년 1월 10일

지은이 남 영

주간 김현숙 | **편집** 변효현, 김주희
디자인 이현정, 전미혜
영업 백국현, 도진호 | **관리** 김옥연

펴낸곳 궁리출판 | **펴낸이** 이갑수

등록 1999년 3월 29일 제300-2004-162호
주소 10881 경기도 파주시 회동길 325-12
전화 031-955-9818 | **팩스** 031-955-9848
홈페이지 www.kungree.com
전자우편 kungree@kungree.com
페이스북 /kungreepress | **트위터** @kungreepress

ⓒ 남 영, 2017.

ISBN 978-89-5820-434-3 03400

값 15,000원